U0087892

新版序

這本小書當中的文章，發表於二〇〇〇至二〇〇三年間，並於二〇〇三年結集出版。本書曾於二〇〇六年再刷，加入專有名詞、人名及書名索引，以方便讀者檢閱；同時二〇一八年又發行再版，改正了書中一些錯別字。如今三民書局要將本書重新排版並發行第三版，顯然仍有市場。在此除了感謝讀者以及三民書局編輯多年來的支持與協助外，順便發表一些感想。

如代序中所言，本書內容以介紹科學界人物、發現、觀念以及個人經驗看法為主，而非單純的科學新知介紹，因此可以歷久彌新。科普寫作在國外已有悠久傳統，但在國內仍不算普遍；究其緣由，吃力不討好應是主因。對學術中人而言，科普寫作算不得研究成果，無法以此求職、升等及獲取獎助。再者，科學寫作不比文學創作，可以訴諸想像，而必須以事實為依歸；因此作者得花許多閱讀查證的功夫，才能下筆。總之，科學寫作屬於投資報酬不成比例的工作，願意花時間從事這種工作的人自然也就不多。這些都可能是這本小書在出版多年之後，仍受讀者青睞的理由。

本書出版至今，曾得過一些肯定，包括二〇〇四年入圍第二十八屆金鼎獎科學類圖書出版獎以及二〇〇八年獲得第四屆吳大猷科普著作獎佳作。此外，素不相識的童元方教授還在《中央日報》副刊發表一篇書評〈父與子的對話〉(收錄於《田間小徑》一書)，其中多有謬讚，讓人感激。

趁這次改版機會，我又將全書從頭到尾讀過一遍，碰上贅詞及文意不順處，均予以刪除或改寫，務使文句更加精煉好讀。新版除了從橫排改直排外，書中提及人物的生卒年份及書籍的出版資料都移入書末索引，不在正文中出現，以免干擾閱讀。

這本小書如能滿足讀者對科學及科學人的一點興趣，從而尋求更深入的閱讀，甚至踏上科學研究之路，那麼作者當初付出的辛苦也就值得了。

潘震澤

二〇一九年十二月十七日於美國密西根州特洛伊市

科學讀書人代序

「人為什麼要讀書、要讀什麼書、書又該怎麼讀」這幾個問題，只怕困擾過不少年輕人，筆者也不例外。不可諱言，許多古人為取功名而讀書，今人則為了討口飯吃。讀書一旦與考試及工作扯上關係，就有壓力，要快樂也難。許多人離開學校後，就不再主動找書看，顯然是沒有從書本裡發現什麼樂趣。猶記得自己取得博士學位那天最高興的念頭之一，是認為以後再也不用為考試而念書了；只不過後來為了研究及教學而讀書的壓力，比起當學生時，只增不減。

人是怕無聊的動物，閒下來總想找點事情做，但這種事一要有趣，再來不能費太大力氣。現代人的問題之一，是可以打發時間的事情太多了，讀書絕非首選；除了各種聲光影視之娛已占去太多休閒時間外，就算可以坐下來讀點東西，也不只有書本而已，像報紙、雜誌、上網等都比書的吸引力大。根據個人觀察，平日只讀本行教科書及期刊、不讀其他閒書的大學教授大有人在；以此類推，一般社會大眾的閱讀狀況，只怕等而下之。

先賢勸人讀書，說「三日不讀書，則覺面目可憎」，近人則說可以「變化氣質」，只不過這些說法都嫌太主觀，現代的年輕人大概沒幾個聽得進去；多數人會認為與其變成書呆子，不如在外貌服飾上變點花樣，大概還更吸引人。再說，古人指的讀書，不出經史子集等聖賢書，與今日書籍種類的五花八門，不可同日而語；因此，究竟讀什麼書可以變化什麼氣質，不可能有標準答案，筆者只想就個人的讀書經驗簡單談談。

個人成長的階段，除了上學、考試要用的教科書、參考書之外，課外書是相當貧乏的，但也不代表沒有。環境愈是貧乏，飢渴的心靈伸出的觸角就愈廣泛。我曾與同時代的朋友（四年級前段班）比較過小時候的讀書經驗，我們都讀過古典章回小說（時間有早有晚，有足本有改寫），臥龍生、司馬翎的武俠小說（以報紙連載為主，租來看還是上大學以後的事），瓊瑤的言情小說（以《窗外》、《煙雨濛濛》、《幾度夕陽紅》等頭幾部印象最深），司馬中原的大陸鄉野奇譚（以《狂風沙》最出名），加上李敖、柏楊的雜文（在書店翻的多，真正想看時又被查禁看不到了）等。我從小還看《南國電影》（邵氏電影公司的公關雜誌）、《皇冠》、《今日世界》（美國新聞處的宣傳品）、《拾穗》（中油公司的出版品）、《幼獅文藝》（救國團出版）等雜誌，不管懂還是不懂，都囫圇吞棗，如今大多數內容已沒什麼記憶。

可看的書少也有它的好處，那逼著我把手上僅有的幾本書重複看上好幾遍，像《三國》、《水滸》、《西遊》等幾部古典章回小說，不知伴我度過多少年少時光，對個人的影響也早已深入骨髓、流於無形。個人小時候的心願之一，就是希望自己的小孩也能讀自己讀過的書、聽自己聽過的音樂、看自己看過的電影；只不過這種天真童騃、一廂情願的本位想法，早隨著小孩在異國成長、有著與我完全不同的童年生活而幻滅。不要說「橘逾淮而為枳」是古人早就有過的觀察，就算沒有空間的移植，經過二、三十年的時間相隔，連國內的環境也已完全不同，又怎麼可能及有什麼必要讓現在的小孩回到過去呢？

做父母的大概都希望對小孩有所影響，但小孩不一定都朝父母希望的方向而去；有時父母無心的幾句話，可能要比一再耳提面命，留下更大的影響。個人從小受父親鼓勵，閱讀足本的章回小說，之後一路閱讀各種抓到手的閒書，也從未受到禁止；不過我在唸大學時，父親說過一句：「讀了這麼多書，怎麼也沒看你發表過什麼文章？」老實說，當時心裡還真有些慚愧。多年以後，覺得自己有點東西可寫、也花了時間寫出來發表，未嘗沒有一點補償的心理。

個人會走向生物醫學研究這一行，有些家學淵源。父親是高中生物老師，母親學的是護理，從小家裡就多的是中學博物、生理衛生及生物學的課本，想翻就翻；加上自己小時候體弱多病，因此對自己身體內部的運作，要比一般同齡的小孩更注意也瞭解更多。譬如說當年提到初中生理衛生課本第八章，小男生小女生都會羞紅臉，因為那一章談的是兩性生殖系統，有生殖器官的解剖圖，也提到青春期的變化。當年大部分老師都跳過這一章不上，要學生自己看；別人怎樣我不知道，我可是從小就看了不知多少遍，內容清楚得很。不過，我還是搞不懂為什麼要避孕（當時剛開始有家庭計畫的宣傳），因為教科書裡沒有提性行為這檔事；我還以為男女睡在一起，男性精子就會自動跑到女性身體裡去，所以女性要裝「樂普」、男性要戴保險套防範。因此，生殖生理一直是我感興趣的科目，也成了後來研究的大方向之一。

真正對生物念出興趣來，還是在新竹中學念高一的時候。那幾年國內正好引進美國的新教材，其中生物學（BSCS 教材）有師大教授戈定邦的全譯本，厚厚上下兩冊的大開本，圖文俱茂，尤其是書裡對某些基本觀念的來龍去脈說明清楚，為筆者的生物學打下相當結實的基礎。再來，竹中的生物學考試題目靈活，強調思考，不重死記，也對個人的讀書方式有長遠的影響。

說起科學，多數人以為有堅實數學基礎的物理及化學才是「硬裡子」科學，個人在國內大學及研究所修習生物學時，並不怎麼認為自己學的是科學，因為生物學裡觀察居多，不確定性高，一向是比較「軟性」的科學。直到出國留學後，才學到「科學」其實是一種客觀及有系統看問題的方法，除了自然科學外，社會科學、政治科學也都可以是「科學」。

然而，科學在我們的社會，卻背負了太多的包袱。現代科學起源於歐洲，清末隨著船堅炮利的西方列強侵入中國；為了發憤圖強，「科學救國」成了口號，「科學萬能」也成了國人不實的想望。潮流所趨之下，功課好的人似乎都應該念科學，不想念的感覺就差人一截，因此引起反感是必然的。事實上，科學與人文的這種對立，就算在科學大帽子下頭的任兩個學門之間，都可能出現，因此不必太過強調。

話說回來，科學其實同文學及藝術一樣，都是人類最精緻的思想及行動表現。我們不必懂得怎麼畫畫或作曲，就可以欣賞繪畫及音樂；同理，我們不見得要曉得科學家怎麼進行實驗，也可以瞭解一二他們最新發現的內容。一味排斥，絕不是好事。本書裡頭的文章，也就是想傳達這一點意思。

這本小書是筆者在《中央日報》副刊「書海六品」專欄的結集，從民國八十九年十月四日刊出第一篇起，至今即將屆滿三年。專欄文章每家報紙都有，無足為奇，但這個專欄有幾點特色，值得一記。

首先，這個每週三見報的專欄，作者不只筆者一位，還有王道還及高涌泉兩位；因此，我們是以接力的方式演出：每人寫完一篇，可有三週的時間構思及撰寫下一篇。也因為這個緣故，其他每週寫一篇的專欄作家寫了一年就停了，我們三位則拉長時間，一路下來寫了三年。

一般報紙副刊的專欄，多以文學創作及時事評論為主，以科學為主題的可說絕無僅有。我們三位的專長，除了道還的人類學以及任職的單位較有人文氣息外，涌泉和我分別是物理及生理，純屬科學領域。此外，我們也都沒有定期寫作專欄的經驗，可說是摸著石頭過河，邊寫邊學習。因此，中副的林黛嫚主編及施淑清副主編願意讓我們幾位新手上陣，也算是冒險的了。

「書海六品」是談書的專欄，內容當然應該以書為主，但一來這不是書評專欄，再者筆者也不想以死板固定的方式介紹一本本的書，因此，多數文章是以介紹科學界人物、發現、觀念以及個人經驗看法為主，書只是作為文章資料的出處，有幾篇甚至連一本書名也不見。

專欄文章有個缺點，就是字數的限制。雖說一開始就講好每篇以一千五百字為限，但愈寫愈「油條」之後，常常都超過一兩百字以上；所幸編輯都很通融，幫忙擠出版面安插。即便如此，許多科學人物及發現的故事仍然得分上下兩集、甚至上中下三集才講得完；書中有些長篇，就是這樣的產物，同時在整理準備出書時，還有過增補。將專欄寫成連載，上下兩篇有時還間隔三週刊出（後來占點道還及涌泉的便宜，多是隔上一週），實在是對讀者不起；如今得以全貌示人，也算了卻一樁心事。

這些文章刊出後，訂了幾十年《中央日報》的父親是最忠實的讀者，每次打電話回家，父親都會說看了我的文章；我在寫稿時，也不時想到父親讀報的身影。謹將這本小書，獻給我的父親，並紀念母親在天之靈。

潘震澤

二〇〇三年九月十三日於北美密西根州特洛伊市

科學讀書人——一個生理學家的筆記

目次

輯二 科學拾穗

輯三 科學萬象

輯 1

科學人生

2002
12/25,
2003
01/01

雅婁與柏森的故事

女性科學家的困境，是科學史、社會學以及女性主義論述經常出現的主題，這方面的歐美論著已有不少。雖說到了二十世紀後半葉，各行各業都不乏女性參與，學術界女性也愈來愈多，但不容諱言，不少人仍不看好女性從事科學研究這一行，對女性在科學研究的成就也有所保留，這一點只要看看諾貝爾獎的得獎紀錄，無論物理、化學及生理醫學獎的女性得獎人都還只有個位數，就可明瞭。

女性科學家得不到男性同行的看重，與大男人主義脫不了關係。二十年前我在美國念博士學位時，有回同指導老師到外州開學術會議，會中聽到他與另一位男性同行談及一位初次謀面的女性科學家所展出的研究結果。我的老師稱讚了一番該位女性同行的工作，但卻忍不住說她人長得不怎麼樣，另一位則附和說，世事本就如此，長得漂亮的女生很少走進這一行。我在一本女性科學家的傳記《羅薩琳．雅婁——諾貝爾獎得主》(*Rosalyn Yalow: Nobel Laureate*)中，也看到幾乎相同的說法。那是一九五〇年代，美國一位醫界大老針對申請住院醫師的女性醫學生發出的評論，話是這麼說的：「如果她長得漂亮，那幹嘛要走醫生這一行？如果長得不好看，誰又想要收她？」

上述大男人的說法，相信各行各業人士都很熟悉，不獨科學界為然。雖說由於女性意識抬頭，加上新一代男性也多有覺醒，類似的公開歧視已愈來愈不明顯，但要完全絕跡並不容易。究其根本，兩性之間本就存在生物本質上的相吸及互補；一方面男性好以強者姿態保護婦孺，再者，「窈窕淑女，君子好逑」可是百萬年來演化的結果，不少女性也樂於展現魅力，接受男性幫忙。因此，要人無視於上司、同事或屬下性別，而都以中性人對待，有時是不容易辦到的。

由於女性在科學這一行走來備極辛苦（尤其是前幾代），因此值得探究的問題就不盡然是：為什麼諾貝爾的科學獎項少有女性得主？而是：為什麼居然還有女性可以得獎？這些少數的成功女性究竟有什麼過人之處，可以在男性主宰的世界裡出頭？俗話說：「成功的男性後頭都有位女性的支持」，對少數的十位諾貝爾獎女性得主而言，這句話卻不盡適用，因為其中有三位是同先生一起得的獎（誰在誰的背後就很難說），有四位則沒有成家（後頭根本沒人），只有剩下三位得獎人有家有小，背後可能有先生的支持。一九七七年的生理醫學獎得主雅婁（Rosalyn Yalow），就是其中之一，但她背後還不只有一位男性的支持，而是兩位。

雅婁與她的搭檔柏森醫師（Solomon Berson）的大名，是筆者近三十年前剛入門作研究時就耳熟能詳的名字，但對他們的關係則毫無所知，直到後來讀了雅婁的傳記才有完整的瞭解。他倆從一九五〇年代後葉到一九六〇年代初，利用放射性元素的靈敏度，以及抗原抗體反應的專一性，發展出放射免疫測定法（radioimmunoassay），可用來測定生物體內幾乎所有的微量物質，尤以血液中的荷爾蒙

(hormone) 為最主要的對象，因此造成了內分泌學研究的革命，改寫了整個內分泌學的教科書，影響至今不衰。

出了內分泌學界，聽過雅婁大名的人可能不多。她是物理學家出身，與得過兩次諾貝爾獎（物理、化學各一）的居禮夫人 (Marie Curie) 有一些有趣的相似點：她們研究的對象都是放射性元素，都嫁給了物理學家，她倆也都是在男性的研究夥伴過世後，才取得男性獨享的特權，並在性別、野心及社會等凸顯議題上，成為爭議性人物。不過，除了上述的相似點之外，她倆在其他方面可是大不相同。

雅婁是猶太移民之後，從小就展現聰明、進取以及對科學的興趣。她一路念公立學校上來，在紐約市杭特學院修習物理時就碰上了好老師。由於二次大戰期間，許多年輕男性上了前線作戰，雅婁才得以進入研究所就讀，之後她只花了三年半的時間（一九四一～一九四五），就以全A的成績在伊利諾大學 (University of Illinois) 取得核子物理博士學位。她只有一門「電動力學實驗」拿了A減，卻被系主任說成是「女性不適合做實驗的證據」。

雅婁完成物理博士學位後回到紐約，在一家醫院取得放射物理師的工作。戰後，美國的榮民醫院 (VA Hospital) 有段長時間的蓬勃發展期，於是雅婁得以在紐約布朗士區榮民醫院的放射部門任職。雖然她沒有任何生物或醫學的背景訓練，卻是最早一批將放射性元素應用在生物醫學的人士。更幸運的是，她在那兒碰上了年輕聰明的柏森醫師，兩人在醫院的地下室展開了長達二十年的合作，完成了日後獲得諾貝爾獎的工作。

雅婁和柏森，除了性別互異外，一是物理博士，一是臨床醫師，背景完全不同，可說是奇怪的組合；但他倆打從初次見面就相互欣賞，之後更朝夕相處長達二十年，共同進行實驗、發表文章、外出開會，可說比真正的夫妻還要親密。同時他們兩家人也時相往返，屬於通家之好，雅婁的小孩更視柏森為另一位父親。但可想而知，柏森太太的心裡並不見得好過，因此柏森去世後，他們兩家也就不再來往。

想要瞭解柏森與雅婁之間的關係，必須對柏森這個人多點認識。柏森是位絕頂聰明的人，認得他的人無不佩服其才思敏捷。同時，柏森還是業餘小提琴、西洋棋及數學高手；他會給來實驗室學習的住院醫師上微分方程的課，把他們難得哇哇叫。因此，柏森是在雅婁身上，找到了心智的對手。

雅婁是一介女子，又沒有醫學博士學位，想要在臨床單位站穩腳步並非易事，因此，她需要柏森的支持，而柏森也一直以真正的對等態度看待雅婁。譬如一九七二年，新英格蘭糖尿病協會遴選柏森為年度講座教授，柏森去信給協會主席：「雅婁博士和我是多年搭檔，如果這項講座榮銜不能由我倆共享，我們兩個都不會接受。」

柏森及雅婁的合作關係十分特別，他倆都是自己動手做事的人，不喜歡外人插手幫忙。早先他們連住院醫師也不收，後來的少數幾位則強調要獨立作業，別干擾他倆的工作。放射免疫測定法出名後，世界各地都有人慕名前來學習，他們也毫不藏私，傾囊相授，因此促使這個方法迅速普及。雅婁說，他們根本沒有考慮過專利申請的問題，那也是上一代科學家普遍的心態：有人給錢讓自己做喜歡的研究工作已是天大福分，有所成果自然是由科學界以及社會大眾所共享。但是這樣的胸襟，在多數熱中產學合作、動不動就申請專利以求保護智慧財產的新一代科學家身上，已蕩然無存。

一九六八年，紐約市新成立的西奈山醫學院（Icahn School of Medicine at Mount Sinai）邀請柏森擔任醫學系主任，雅婁堅決反對柏森前往，認為柏森的個性不適合行政工作，去那裡會要了他的命；不過，懷有一股使命感的柏森還是接受了這項挑戰。在柏森的心目中，大學及醫學院的主要責任是教學與研究，並提供知性環境，至於增加病床數、照顧病人，甚至治療疾病都是次要的。這樣的觀點，在當時已經萌芽、如今成為主流的管理式醫療思維下，當然是不討好。因此，柏森與醫學院院長相處不來，也是意料中的事。柏森甚至給過院長一封備忘錄，聲稱「行政會議只是橡皮圖章，浪費他寶貴的時間，以後不準備再出席」云云。

柏森與醫學院裡其他大老的相處也未見愉快。剛上任時，醫學院有位明星人物問柏森發表過幾篇論文，他回說：「很慚愧，只有一百篇出頭。」對方則傲然道：「我有三百八十四篇。」柏森接著說：「我說慚愧的意思，是自己並沒有上百個重要的發現。請問你有多少呢？」由於對方並沒有什麼值得誇耀的成果，於是柏森發表了一番論文重要性與數量的比值理論，搞得對方下不了臺。由此看來，柏森的「恃才傲物，不討人喜」是必然的了。

柏森的死來得非常突然，他是在前往亞特蘭大參加學術會議時，被人發現死在旅館裡。兩天前，西奈山醫學院的新任院長，也是原來的病理學系主任（與柏森並不搭調），告知柏森即將解除其主任職務。至於那是否是柏森心臟病發的肇因無從驗證，但卻應驗了雅婁的話：行政工作要了他的命。

雖說柏森一直視雅婁為對等的研究夥伴，但外界卻不見得那麼想。姑且不說提到放射免疫測定法時，柏森的名字總是放在雅婁前面，一般也都認為柏森是實際動腦的人，雅婁只管動手（與她是女性不無關係）。由於諾貝爾獎的規定一概不予死後追贈，所以柏森一死，雅婁得獎的機會似乎也就一併失去了。因此，雅婁必須向世人證明，沒有柏森的存在，她仍然能有一流的成果發表。

雅婁在柏森死後消沉了好幾個月，甚至還想過重回學校拿個醫學博士學位（她以為這樣就可以為醫學界接納）。終究，她恢復了鬥志，更積極投入實驗工作；一九七二至七六年間，她一共發表了六十多篇文章，向世人證明：不靠柏森，她一樣可以有出色的研究成果，一樣可以獨立發表。一九七五年，她入選美國國家科學院 (National Academy of Sciences, NAS) 院士；一九七六年，她成了美國拉斯克醫學獎 (Lasker Award) 的第一位女性得主；最後在一九七七年獲頒諾貝爾獎，成為有史以來生理醫學獎項的第二位女性得獎人（第一位是一九四七年與先生一起獲獎的柯里夫人 (Gerty Cori)。雅婁的成就，終於得到應有的承認。

雅婁一直引以自豪的是，她除了研究上的成就外，還兼顧了家庭。雅婁於讀研究所期間認識了她的先生艾倫 (Aaron Yalow)，還沒畢業就結了婚。艾倫雖然也擁有物理博士學位，但卻安於做個教書匠，並全力支持雅婁從事研究工作，長達五十年，直到他於一九九二年去世為止。艾倫對於雅婁與柏森在工作上長達二十來年的合作關係也毫無猜忌，這相當不容易，與艾倫是虔誠的猶太教信徒不無關係。而雅婁在研究之餘，也致力於做好妻子及母親的角色。

雅婁有一男一女兩個小孩，孩子還小時她有住在家裡的全職女傭幫忙，家住附近的母親每天也會過來幫忙照看外孫，這是日後雅婁最為感激的一點，也是她對其他女性同行的建議：想辦法找到可靠的幫手分擔家事的工作。雅婁一直住在距離醫院五分鐘車程的地方，因此她可以在清晨先到實驗室做準備工作，再回來給先生小孩準備早餐（中午、晚上也一樣），然後再回實驗室工作。雅婁的兩個小孩都受到這位強勢的母親所影響而各有所成。雖然雅婁與女兒的關係不是非常親密，但那與兩人同屬倔強的個性有關，不見得是由於相處時間不足所致。

在雅婁之後，陸續還有四位女性獲得諾貝爾生理醫學獎，但這些人都是單身，沒有小孩；為此，雅婁還發出惋惜之聲。按照雅婁較為傳統的想法，女性沒有結婚及生養小孩，總是有所不足，不過這一點，新一代的女性可能未必同意。

雅婁得了諾貝爾獎之後，有更多的機會讓她發表意見，她也不吝於表達她的看法，尤其是以核子醫學專家的立場，鼓吹核能的應用，雖然引起一些爭論及攻訐之聲，但雅婁並不為所動。她於一九九二年從榮民醫院退休，成為資深榮譽研究員，每天仍前往研究室。她於一九九三及九五兩年之間中風了兩次，尤其是第二次來勢洶洶，在醫院昏迷了許久，親朋好友都以為她撐不過去了，結果她的毅力又讓她站了起來，並回到她熟悉的研究室。算來如今雅婁已是八十二歲高齡了❶。

一九九七年，雅婁從中風恢復之後，應邀給一群年輕女孩演講。她談到當年自己所面臨的一些艱難困境，包括家人要她去學速記、當個高中老師，以及身為研究所裡唯一的女性；她還談到女性懷了孕就被解僱，以及少數民族公開受歧視的年代。誠然，兩性平權已經走了好長一段路，科學研究只是其中一條分支而已。女性不適合鑽研科學的迷思應該早已打破，科學實事求是的態度與浪漫的情懷並非不能共存，創造發明的能力需要培養而非壓抑，家庭與事業也可以取得一個平衡點，這些才是雅婁等先驅者留給後輩最大的遺產吧。

❶雅婁已於二〇一一年去世，享年九十。

2003
02/19, 03/12

華生傳奇

距今五十年前（一九五三年）的二月間，兩位初出茅廬、名不見經傳的科學家克立克(Francis Crick)及華生(James Watson)於英國劍橋大學(University of Cambridge)的卡文迪許實驗室解開了DNA的雙螺旋(double helix)結構。DNA是細胞內儲藏遺傳訊息的資料庫，也是所謂「基因」(gene)的所在，其互補的雙螺旋結構，不但線條優美簡單，也馬上讓克立克及華生想到：螺旋上鹼基的排列順序，可作為遺傳訊息的編碼。果然，後續的研究證明那是正確的推測；而近五十年後將人類DNA上所有三十億個鹼基排列都決定出來的人類基因組計畫(Human Genome Project, HGP)，猶其餘事。

雙螺旋的結構發表後，並沒有馬上得到學界的迴響，一直要過了好些年，科學家確定了DNA的複製方式（一九五八年）以及DNA的鹼基編碼（一九六一年）之後，才完全接受該理論。華生與克立克於一九六二年獲頒諾貝爾獎，比起許多得獎的發現來說已經算是快的了，但華生卻認為要等上九年還是太慢。他也承認，那段等待的期間是他一生當中最難過的日子。

然而這項發現真正打入許多人的共同記憶，很大一部分還是由於華生寫的《雙螺旋》(*The Double*

Helix)一書。這本書於一九六八年正式出版，但華生於三年前就已開始撰寫，初名《誠實的吉姆》(*Honest Jim*)，完稿後並分送書中提及的當事人，以尋求意見回饋。由於華生坦率無隱的敘事方式，引起克立克及其他幾位人士的強烈反彈。他們寫信給華生及哈佛出版社的主編，要求不予出版，否則將提訴訟。結果哈佛校長怕涉及毀謗，否決了哈佛出版社理事會准予出版的決議，反而引起哈佛學生報《深紅》(*Crimson*)及《紐約時報》(*The New York Times*)的大幅報導，間接給《雙螺旋》做了免費的宣傳。

克立克反對該書的理由有以下幾點：他認為那是華生的片段自傳，不是歷史，其中不但沒有彰顯科學發現的過程，反而有所扭曲。克立克認為科學裡重要的是「發現」本身，而不是怎麼發現的，或是誰發現的。他還說，為文談論還活著的朋友，是有失品味的舉動，華生此舉嚴重侵犯了他的隱私，也糟蹋了他們的友誼。

雖然有當事人的抗議，但改由私人出版社發行的《雙螺旋》一書卻受到大眾的喜愛。對一般讀者來說，科學家也和凡人一樣會鉤心鬥角、爭強好勝，似乎是讓人驚訝的事。同時，多數讀者與克立克的想法正好相反，他們對科學發現本身，比不上對人物及過程的興趣。《雙螺旋》一書的成功，從出版三十五年來有好幾個版本，不斷再刷，賣了不下一百萬本，可見一斑。國內三十多年前就有「科學月刊」及「今日世界」出版的兩個譯本，幾年前，「時報出版」又重印了「科學月刊」的譯本。

當年出版《雙螺旋》的譯本時，《科學月刊》也才創刊沒多久，其中有幅漫畫引起了某位讀者的抗議。該漫畫是將華生與克立克英文姓名的第一個字母 WC 畫在兩扇大門上，並加上標題：「華生與克立克打開了『方便』大門」。其實當年的確有好些劍橋人士把他們的 DNA 模型稱為 WC 結構，還讓華生擔心他們的精心傑作會禁不起時間考驗，被丟到抽水馬桶裡沖走。

更有趣的是近二十年後，克立克在自傳《瘋狂的追尋》(*What Mad Pursuit*) 一書中有些後悔地承認華生的確聰明，在一本給大眾閱讀的書裡，傳達了相當多科學的訊息；同時，該書寫得懸疑曲折，讓人讀了就難以釋手。他說，雖然該書第一句話就說他從不知謙虛為何物，但整本書把他寫得還算不錯；也由於該書的緣故，他本人根本不需要做什麼宣傳，因為華生就是全世界最好的公關。他還說，哈佛大學 (Harvard University) 一定生他的氣，平白讓哈佛損失了許多賣書的收入。

《雙螺旋》的故事之所以膾炙人口，除了發現本身的重要性之外，其中的戲劇性更是為人所津津樂道。如前所述，克立克與華生兩人的資歷與經驗，都不足以與同時間專注該問題的研究者相比；尤有甚者，他們二人根本沒動手做過任何實驗，而是根據別人的實驗結果，憑空「想」出來的。除了其中一對鹼基少算了一個氫鍵外，他們所建立的模型五十年來始終屹立不搖，並不容易。

二○○一年，也就是《雙螺旋》出版後的三十三年，華生又出版了《基因、女郎與伽莫夫》(*Genes, Girls and Gamow*) 一書（時報出版的書名改成《基因、女孩、華生》），副標是：「雙螺旋之後」(After the Double Helix)。這本書從一九五三年四月寫起，一直寫到一九五六年九月為止，共三年半的時光。該書延續了《雙螺旋》的調性，以半流水帳的方式，記錄那段時間華生追求科學發現及異性知己的點點滴滴。以科學發現來說，雙螺旋之後的未知問題仍然重重，華生本人的成果卻乏善可陳，較為可觀的反而是他的感情生活。

華生十五歲上大學，二十二歲拿博士學位，他自云學生時代所心儀的美女，都與他無緣。《基因、女郎與伽莫夫》一書記錄了青年華生一系列求偶史的赤裸告白，其中令他動心的女性有近十位之多，兩位還是羅敷有夫。但那三年半的時光，卻也是他一段最刻骨銘心戀情的開始及結束。華生鍾情的對象不是別人，正是哈佛大學知名演化生物學家麥爾 (Ernst Mayr) 的大女兒克莉絲塔 (Christa Mayr)。四十多年後，華生仍不願把這段陳年往事埋藏心底，非要公諸於世，可見這段初戀在他心中的地位。在此，我們看到的不是因發現雙螺旋而得了諾貝爾獎的偉大科學家，而是一位為感情不定所苦的年輕人；其中從青澀的期待到交心的喜悅，從未知的遲疑再到痛苦的分手，華生再一次向世人揭露：科學家渴望感情之心，亦與常人無異。

華生的事業真正起步，是在哈佛大學的生物系：他於一九五七年九月正式到任，建立自己的實驗室。經過好些年，華生曉得仰賴別人的X光晶體攝影，加上玩弄化學模型的作法已不足以再有突破，他得有實際的實驗結果才行。由於物理非他所在行，因此，他使用的都是生化的方法。當時還沒有「分子生物學」這個名詞，就只有以化學方法來研究生命現象的「生化學」。

當年的哈佛生物系是相當傳統的一個系，絕大多數的成員以研究動植物的分類、解剖、生理及生態為主，鮮少有人利用物理或化學方法在分子的層面探討生命運作本質的問題。華生雖然也是傳統「生物人」出身，但念研究所時跟了一位好老師盧瑞亞 (Salvador Luria)，打入了一群由許多物理學家組成的「噬菌體小組」，體認到 DNA 是遺傳物質的事實；後來更因緣際會發現了 DNA 的構造，於是他變得完全蔑視以描述為主的傳統生物學，致力於將「新」生物學（也就是分子生物學）帶入哈佛生物系，最終導致該系分裂。華生對待其他「老派」同事的傲慢無禮姿態，在與他同年加入該系的威爾森 (Edward O. Wilson) 的自傳《大自然的獵人》(*Naturalist*) 中，有詳細的描述：

> 華生到哈佛所抱持的信念是：生物學必須改頭換面，成為研究分子與細胞的科學，並以物理及化學的語言寫就；之前的「傳統」生物學，也就是我研究的生物學，已由類似集郵者所把持，這些人缺少將生物學改造成現代科學的才智。他以革命家的強烈輕視態度，對待系上大多數其他的二十四位成員。

在課堂上，華生不是個出色的老師；有學生說他「講稿優美，但臺風甚差」。他授課時聲調不高，常面對黑板，讓人有說悄悄話之感；同時他常岔開主題，談起人物軼事來。華生自己的回憶則是：對於要講授自己不懂的內容感到惶恐，以至於晚上做惡夢。雖然有這些缺點，華生想要傳遞分子生物學的熱誠，以及打倒傳統的激進態度，對於某些大學部的年輕學子來說，仍是具有吸引力的，就算是在他得諾貝爾獎之前亦然。

華生一向不是親手做實驗的人，因此他仰賴一批批聰明的研究生（占了哈佛的地利之便，這一點華生可不擔心，但他四處搶人的作風也讓人側目）。他會丟給學生一些重要的問題去解決，一方面可以產生足夠的數據完成論文，同時又有揚名立萬的機會。他讓學生曉得他們是為了自己的前途而努力，以此激起自動自發的學習動機，他甚至刻意不在學生發表的主論文上掛名。華生說這是同他的老師盧瑞亞學的，但這種做法可不是其他剛起步的研究者所能效法的，畢竟這世上沒有幾個人有過類似雙螺旋的發現。

對近三十幾年來修習生物學的人來說，華生最了不起的著作可能不是《雙螺旋》，而是一九六五年出版的《基因分子生物學》（*Molecular Biology of the Gene*）一書。那是第一本以此為主題的入門教科書，華生以清晰流暢的筆調，將他再熟悉不過的主題娓娓道來；其中除了古典的遺傳及基因概念的歷史回顧外，自雙螺旋以來的重要發現，他都是直接的參與或旁觀者，使得全書充滿熱忱與直接感。該書是筆者大學時代第一本讀得津津有味的原文教科書，可以感覺出與一般的教科書相當不同。華生對於分子生物學「革命」的推動之功，該書絕對扮演重要的一角。

華生於哈佛任教十一年後（一九六八年），就開始兼任紐約長島的冷泉港實驗室（Cold Spring Harbor Laboratory）主任，八年後正式辭去哈佛教職，專心於冷泉港的行政工作，一直到一九九三年才卸下主任一職，升任該機構的總裁。算來冷泉港是華生一生任職最久之處，也可以說是他繼發現雙螺旋、寫作《雙螺旋》之後，最大的成就。

凡修習生物學出身者，對冷泉港三個字都不會陌生，尤其是專攻分子及細胞生物學領域的人，有的參加過該地舉辦的研討會，更多人則是讀過該實驗室出版社所出的圖書。一般人或許以為冷泉港實驗室一直都是名聲卓著的研究機構，其實不然。雖然冷泉港實驗室號稱有上百年的歷史（自一八九〇年起），但之前一直是個規模不大、沒幾位正式研究員的單位，主要仰賴私人基金會的捐款，充當一些科學家暑期上課、開會以及休閒社交的所在。甚至冷泉港實驗室的前身之一，還是有種族歧視意味的「優生學紀錄局」(Eugenics Record Office)。冷泉港之所以有今日的規模，完全是華生擔任主管後一手促成的。

華生對冷泉港的感情，早在當研究生時就已建立起來。當年他成名前的夢想，就是可以進駐冷泉港的主任官邸，與當地有錢的鄰居交往，過過鄉紳的生活。因此，當冷泉港董事會來找他主持這個實驗室時，華生也就欣然答應，帶著新婚夫人上任了。年輕時代的華生雖然花了許多時間在尋覓異性知己，但經過一段刻骨銘心的失戀打擊後，一直到四十歲生日前夕，他才找到情投意合的伴侶——年方十九歲的女大學生依莉莎白。不過華生的等待也是值得的，依莉莎白成為他後半生有力的支助，也為他生了兩個男孩。

擔任冷泉港實驗室主任的二十五年間，華生為「科學經紀人」建立了新典範。雖然他自己並不親自指導或進行研究，但他充分利用個人的聲望與關係，隨時瞭解重要的研究議題及方向何在，鼓勵屬下成員進行前瞻性研究，他並擅長四處籌募經費，這份能耐可不是一般的實驗室科學家所具有的。每年他為冷泉港實驗室的年度報告所撰寫的總論，更發揮了他的寫作長才，文情並茂。二〇〇〇年，冷泉港出版社將這些文章集結出版，是為《華生愛上DNA》(*A Passion for DNA: Genes, Genomes, and Society*)一書。一九八八至九二年間，華生更出任了美國國家基因組計畫的第一任主管，讓人類基因組(human genome)的定序工作正式開展。按華生自己的說法：「那是唯一的機會，讓我從雙螺旋到人類基因組上的三十億個橫階，完整地走了一圈。」

當然，一般大眾對華生的認識，還是來自《雙螺旋》一書。對科學家來說，克立克的論點「結果重於過程」才是正確的；但華生的目的可不是寫一篇不帶私人感情的科學報告，他想寫的是一本充滿個人風格的文學作品，結果他成功了。該書出版時，有記者問華生是否打算放棄科學生涯、當個出名的作家，他的回答是：「那會有點無聊，因為我只有一個故事可說，而且已經說了。」只不過《雙螺旋》續集的出版，加上他這一生的精采經歷，顯然他還有許多故事可說，我們且拭目以待。

2000
10/25

諾貝爾獎對決

諾貝爾獎自一九〇一年設置以來，今年正滿百年。雖說歷年來多有引人爭議之得獎人，但無論是以獎本身的權威性、新聞性來說，還是以得獎人受到的尊榮來看，諾貝爾獎均非其他類似獎項所能望其項背。

諾貝爾獎的科學獎項與文學獎不同，同一年最多可有三人獲獎。獲獎者不乏有師生與同事的關係，但更多的是競爭多年的對手；早自一九〇六年的高爾基 (Camillo Golgi) 與卡厚爾 (Santiago R. Cajal)，近至前年發現一氧化氮 (nitric oxide, NO) 生理作用的幾位得主都是。其中競爭時間最長、過程最曲折動人的，則非一九七七年獲獎的紀勒門 (Roger Guillemin) 及薛利 (Andrew V. Schally) 兩位莫屬。紀勒門與薛利之間的恩怨情仇，曾由當年《科學》(*Science*) 雜誌的記者魏德 (Nicholas Wade) 藉由採訪當事人、同事，以及數十位同行科學家，寫成《諾貝爾獎對決》(*The Nobel Duel*) 一書，詳細道來。

紀勒門與薛利的工作，在於尋找大腦的下視丘 (hypothalamus) 究竟分泌了什麼東西來控制腦下腺激素的分泌。一九五五年，他倆分別在美國休斯頓和加拿大蒙特婁兩地，發現下視丘的體外培養液中，

含有刺激腦下腺 (pituitary gland) 加強腎上腺 (adrenal gland) 皮質功能的因子，他們將之命名為腎皮釋素 (corticotropin-releasing hormone, CRF)，並著手進行分離純化。實驗結果出來當天，紀勒門回家跟太太說：「今後妳可不用擔心我在學術界混不下去了。」

紀勒門原籍法國，醫學院畢業後，到加拿大的蒙特婁大學 (University of Montreal) 師從壓力生理學之父塞爾耶 (Hans Selye) 學習。取得博士學位後，他便前往休斯頓的貝勒醫學院 (Baylor College of Medicine) 任教。薛利原籍波蘭，二次大戰時逃難至英國，從倫敦大學 (University of London) 畢業，也到加拿大蒙特婁的麥吉爾大學 (McGill University) 攻讀博士。由於兩人有相同的發現與興趣，因此薛利拿到學位後申請到紀勒門的實驗室，繼續腎皮釋素的工作，紀勒門也欣然答應。

從一九五七至六二年間，薛利與紀勒門共事了有五年之久。由於分離純化腎皮釋素的工作比想像中困難太多，再加上許多旁觀者的冷嘲熱諷，說他們尋找的是尼斯湖的水怪及喜馬拉雅山的雪人，他倆的關係開始惡化。後來薛利自立門戶，前往紐奧良市的榮民醫院建立自己的實驗室。

有了這幾年的合作經驗，雖然沒有真正的發現，但他倆都有相同的體認：下視丘激素 (hypothalamic hormone) 的含量微乎其微，分離的規模不能再像傳統激素那樣，從幾百到幾千個腺體中得出。紀勒門和薛利都用了百萬隻以上動物的腦袋，重量以噸計算；同時生化分析也以工業界量產的規模進行，用上超大型的組織研磨器及高達兩公尺的色層分析管柱。先起步的紀勒門用的是羊的腦組織；另起爐灶的薛利則用了豬的，希望就算趕不上，也和紀勒門有所不同。

從一九六二年分家後，兩人又辛苦了七年，這段時間不斷相互攻訐，也花了納稅人大筆銀子。就在一九六九年美國國家衛生院準備停止資助前夕，他倆的實驗室幾乎同時分離了第一個下視丘激素：不是腎皮釋素，而是與控制甲狀腺有關的甲釋素 (thyrotropin-releasing hormone, TRH)，只有三個胺基酸大。

再二年，由薛利的實驗室取得勝利，分離出第二個激素，為控制性腺的性釋素 (gonadotropin-releasing hormone, GnRH)，由十個胺基酸組成。又再過二年，紀勒門扳回一城，分離出抑制生長激素的體抑素 (somatostatin)，有十四個胺基酸大。一九七七年，在同時起步的二十二年後，他倆終於並肩踏上紅地毯，從瑞典國王的手中接過諾貝爾獎。頒獎典禮的照片中，兩人雖並排站立，但面卻各朝一方。

至於腎皮釋素的分離，還要再等上四年，這次不是由紀勒門，也非由薛利的實驗室完成，而是由紀勒門先前的學生維爾 (Wylie Vale) 從紀勒門當年廢棄不用的標本中分離而得。腎皮釋素有四十一個胺基酸大，純化起來的確困難許多；從知道它的存在，到分離純化，前後整整花了四分之一個世紀的時光。

紀勒門與薛利的研究成果——下視丘激素的發現，為當年的新興學門「神經內分泌學」(neuroendocrinology) 提供了最直接的證據，也為目前熱門的「身心醫學」(mind-body medicine) 奠下了重要的基石。《諾貝爾獎對決》一書，對於這兩位科學家的生平個性、這段曲折離奇的科學發現經過，以及科學研究的本質與趣味，都多有著墨，是現代科學史寫作的精品，值得一閱。

2000
11/08,
12/06

師徒情結

一般人對科學家的印象，多是冷冰冰、不苟言笑的模樣，以為這些人一頭鑽進知識的象牙塔裡，就不食人間煙火了。事實當然不是那樣，科學家一樣是人，具有人的七情六慾。為了重大發現，科學家彼此爭強奪勝之心，比一般人有過之而無不及。

科學界師徒間的恩怨情仇所在多有，中外皆然，前文〈諾貝爾獎對決〉中紀勒門與薛利兩位，並非特例。現代科學研究源於西方，其中師徒關係與中國傳統師生不盡相同，倒更接近民間習藝的師傅與徒弟。每個實驗室的主持人就像各派掌門，有個三招兩式或獨門絕學以招攬門徒。當門徒藝成下山，自行闖蕩江湖，可能又再遇到高人指點而青出於藍，甚至形成與師傅對抗的局面。

以科學界師徒競爭為主題的書籍也有一些，國外的可拿《天才的學徒》(*Apprentice to Genius*)、國內則以《臺灣蛇毒傳奇》為代表（兩書均由天下文化出版）。《天才的學徒》記錄的是美國藥理學界一門四代科學家的故事；《臺灣蛇毒傳奇》則是以臺大藥理學科的成員為主，同樣也綿延四代以上。值得一提的是《臺灣蛇毒傳奇》的主角之一張傳炯也出現在《天才的學徒》書中，其中某些情節與際遇，並有出奇相似之處。

《天才的學徒》上兩代的主角：布羅迪 (Bernard B. Brodie) 與愛克梭羅 (Julius Axelrod) 一開始是老闆與助手的關係，與《臺灣蛇毒傳奇》中李鎮源與張傳烱兩位早期的關係相同：布、李動腦；愛、張動手。布羅迪與愛克梭羅最初的合作，就有重要的發現——鎮痛退燒藥泰稜諾 (Tylenol，即普拿疼)。但愛、張二人早早就表現出獨立研究的能力與特質，終非池中之物。愛克梭羅為布羅迪工作了八年，終於因為一項發現——微小體酵素 (microsomal enzyme) 的功勞誰屬而正式決裂。愛克梭羅憤而於四十二歲高齡重返校園，以多年的研究經驗，在短短一年間就取得博士學位，自立門戶。至於張、李二人，對於發現幾種雨傘節蛇毒的功勞誰屬也有心結。張傳烱雖有正式教職及自己的實驗室，但十多年下來，並沒有博士學位，後來為了升等教授，才將多年的研究成果送往日本東京大學，獲頒博士學位。當時他也已經三十七歲，雖比愛克梭羅早了好幾年，但兩人的際遇卻有異曲同工之妙。

愛克梭羅獨立以後，致力於神經藥理的研究，與布羅迪互有爭先。然而在他倆分道揚鑣十五年後，諾貝爾獎居然越過布羅迪，頒給了愛克梭羅。這是愛克梭羅的最後勝利，但對於得過拉斯克醫學獎及美國國家科學勳章的布羅迪來說，真是情何以堪。《天才的學徒》第一章就從愛克梭羅得獎開始寫起，之後再回溯他倆的過去。這樣戲劇性的一幕，在《臺灣蛇毒傳奇》中，以張傳烱第一次在國際會議中，報告雨傘節蛇毒蛋白的分離，得到滿堂起立鼓掌，差可比擬。但《臺灣蛇毒傳奇》對於人物的刻畫相當平板，個個好似樣板人物，一心為了追求科學發現而獻身，少了打動人心的力量。李、張二人之間的恩怨，書中自然也不存在。國人作傳，尤其是為在世之人，遠不如國外來得坦率真誠。尤其作者的功力，以及對被訪者本身和工作的瞭解程度，一經比較，高下立見。

雖說張傳烱的際遇與愛克梭羅近似，但由於張赴美進修期間，拜在布羅迪門下，因此對布羅迪的推崇仍在愛克梭羅之上；這一點從張為中文版《天才的學徒》寫的序可以看出，頗有意思。張後來的學術成就還在李之上，他們二人也先後獲選為中研院 (Academia Sinica) 院士；但李在國際上的聲譽，只怕還是高過張。李擔任過國際毒物學會的理事長，得過該學會的雷迪大獎，也主編過兩巨冊的蛇毒專書；張在這方面則低調許多，顯然與二人個性有關。李、張二人現在都已正式從學術舞臺退休，後來李在政治上仍展現其熱情（李鎮源教授已於二〇〇一年十一月一日病逝，享壽八十六歲），張則閒雲野鶴，賞鳥自娛。但張傳烱對於國內科學發展政策的影響仍在，其一是六年前推動國科會（現已升格為科技部）創辦國際性的《生物醫學雜誌》(*Journal of Biomedical Science*)，並出任主編，直至去年退休；另一便是設計將研究成果量化的「張氏記分法」作為國科會的審查依據。雖然該記分法爭議不斷，也引起一些後遺症，但當初為求分辨良窳的精神，仍不容抹殺。

師承在學術界的重要性，已是公開的祕密，行內人都知道名門出身，對於找工作、接計畫，以至於後來的擢升、得獎等，都有幫助。因此找對老師，對於想在學術界立足的年輕人來說，可說是成功了一半。

剛入門的研究生會找上什麼樣的人作指導老師，是有脈絡可循的。有人說過：「從追隨者，就能看出一位領導者的風範」；「名師出高徒」也是學術界的常態。後一句話通常是對老師的恭維，認為好老師有化腐朽為神奇的魔力。但真正的情形是：會找上「名師」接受調教的學生，本身都有兩把刷子；底子不足以及只求得過且過的學生，絕對不敢拜嚴師為徒。至於老師能得英才而教之，自是人生至樂，少有人拒學生於千里之外。

好老師教給學生的，通常不是枝微末節的學問，而是看問題、解決問題的態度與方法；換言之，也就是「風格」。但風格是不可言傳的，唯有靠長時間的相處，聽其言、觀其行，慢慢一點一滴模仿學習而來。《天才的學徒》一書提及布羅迪一門四代的研究風格雖不完全相同，但某些方面卻是出奇地相似。像是要研究重要的問題、多動手去做、要冒點險等，一代傳給一代。

身兼物理學家與專業作家的萊特曼 (Alan Lightman) 在一篇名為〈學生和老師〉的文章❶中，也追述了師承。他的老師梭恩 (Kip Thorne) 是美國物理學者惠勒 (John Wheeler) 的學生（費曼 (Richard Feynman) 大概是惠勒眾多學生中最出名的一位），惠勒則從丹麥的物理學家波耳 (Niels Bohr) 做過博士後研究❷，因此萊特曼自稱為波耳的曾徒孫。

萊特曼提及波耳的風格「以謙遜而直接面對問題的解決方法行事」，也一代傳給一代。像梭恩演講

---

❶收錄在《物理學家的靈感抽屜》(*Dance for Two: Selected Essays*)一書，天下文化出版，原書名為《時間旅行和老爸喬的菸斗》。

❷詳見《約翰惠勒自傳》(*Geons, Black Holes, and Quantum Foam: A Life in Physics*)一書，商周出版。

時，一開始就把最重要的結果歸功於某位學生。萊特曼認為：「謙虛或不謙虛的態度，往往決定了一個研究團隊的基調。」他更藉另一位諾貝爾獎得主克利伯斯 (Hans Krebs) 的話，點出與名師學習的重要：「如果所處的環境太窄，中庸人才可能自以為很了不起。偉大的人在巨人面前就會自覺渺小；這是一種有益的感覺……。」

學術界師徒的關係，並不都像前面所提到的，以爭執或分手收場；相互提攜以及彰顯的情形，仍屬多數。《天才的學徒》書中第二代的愛克梭羅及第三代的史耐德 (Solomon H. Snyder)，就屬於師徒情深的例子。史耐德原本是位精神科醫師，由於家庭因素，暫時中斷行醫，到愛克梭羅的實驗室工作了兩年，也因此改變了一生。他對於愛克梭羅一直有股孺慕之情，獨立多年以後仍未稍減。史耐德是只動腦不動手的人，與一向親自動手的愛克梭羅很不一樣；但在帶學生、管理實驗室及看問題的方式上，卻都承襲了師傅的一套：不雇用長期專任人員，以博士班學生及博士後研究員為研究主力，以免造成研究僵化。

史耐德可算是最多產的基礎研究工作者之一。從一九六三年出道至今，他發表了八百多篇的正式研究報告；一般研究者終其一生，也未必能有他十分之一的成果。雖然多不代表好，但史耐德早年針對鴉片受體，以及近年對一氧化氮的研究工作，都是相當重要的發現。只是他與學生珀特 (Candace Pert) 的爭議事件，很可能讓他錯失了諾貝爾獎的榮耀。

事件的起因是一九七八年，素有諾貝爾生理醫學獎風向球指標之稱的美國拉斯克醫學獎，頒給了史耐德及一對英國師徒，珀特卻被排除在外。由於史耐德得獎的成果是珀特的博士論文工作，再加上另一對得獎人也是師徒關係，因此珀特認為史耐德有必要為她爭取公道，但史耐德拒絕了。珀特憤而投書給頒獎單位，信件摘要也刊登在《科學》期刊上，引起新聞界大幅報導及女性主義團體的聲援，成為著名的公案，又為師徒間因研究功勞誰屬而反目成仇，寫下新頁。

這樁爭議事件除了《天才的學徒》中有詳盡敘述外，史耐德於一九八九年寫了本《腦力激盪：鴉片研究的科學與政治》(*Brainstorming: the Science and Politics of Opiate Research*)，珀特遲至一九九七年才出了本《情感分子》(*Molecules of Emotion*)，都對拉斯克醫學獎事件有所著墨，顯然雙方都希望留下自己的版本；只不過這兩本「夫子自道」，均未能超越《天才的學徒》一書客觀的報導。

2002
10/02

高爾基與卡厚爾

科學研究一向有理論與實證兩派的分別，其中尤以物理為最。至於像生物這種一向以觀察描述為主的學門來說，就特別仰賴各種器械及方法作量化的工作。生物學裡也有理論，最出名的當屬「演化論」(evolution)。百餘年來，支持該理論的證據與推論層出不窮，小規模的實驗驗證也存在，但由於觸及了人類起源的解釋，就是有人選擇不信。

生物學裡類似生命起源、發生與死亡等終極問題，自古以來就困擾著最聰明的腦袋，至今亦然。究其緣由，方法學的限制是其中之一。知名的分子生物學者布巒納 (Sydney Brenner) 曾經說過：「科學進展有賴新的技術、新的發現以及新的想法；先後順序很可能也是這樣。」這和一般人的認知新的想法在先有所差別。

現代生物學裡許多重要進展，多是先有實驗技術及方法的突破，才得以出現。像十七世紀顯微鏡發明後，一個之前肉眼不可見、心眼無法想像的微觀世界出現在人眼前，不只水滴、土壤、空氣中充斥各種形狀的微小生物，就連我們的身體組織及體液，也都由一個個小單位所組成。

生物是由許多肉眼不可見的小單位所組成的觀念，於一八三八年間由德國的許來登 (Matthias Schleiden) 及許旺 (Theodor Schwann) 兩人所提出，也就是「細胞理論」(cellular theory)，但腦組織是唯一例外，原因是神經細胞有許多的分支，彼此糾纏在一起形成網狀，也就未能確認是由獨立的細胞所組成。因此，神經系統構造就出現有所謂的「網狀理論」(reticular theory)。

神經組織結構之謎的解開，有賴十九世紀末、二十世紀初兩位傑出的科學家：高爾基及卡厚爾。他倆除了國籍不同外（分別是義大利及西班牙），有許多的相似點：他們的父親都是地方開業醫生，他們自己也完成了醫學教育，卻都沒有長期行醫，而是成了組織學及解剖學的教授。他倆的工作一直都以本國文字發表，但終究也得到當時科學重鎮：德、法兩國科學家的賞識。

一八七三年，高爾基發表了以重鉻酸鉀固定、硝酸銀浸透的「黑色反應」染色法（又稱為高爾基染色法），將其應用在神經組織上。這種方法的奇妙之處，在於只有1–10%的神經細胞以隨機方式吸收銀離子，變成黑色。如前所述，神經細胞經由許多的突起及分叉，彼此連成一片；要是所有的細胞都吸收了銀離子，那麼整片組織將變成一團黑色，什麼也看不清楚。高爾基染色法 (Golgi stain) 不但避開了那樣的惡果，同時少數吸收了銀離子的神經細胞從頭到尾都纖毫分明，浮現在淡黃色的背景下，既奇特又美麗，任誰看過了都會留下深刻的印象。

卡厚爾於一八七七年完成醫學博士論文，開始他的研究生涯，但是他遲至一八八七年，才在一位朋友那裡看到從巴黎帶回的一張以高爾基染色法染出的神經組織切片，離高爾基首度發表該方法，已過了十四年。當時卡厚爾開始研究神經系統才一年，但他只看了該切片一眼，就如一道閃電劃過天空，從此他的一生就改變了。卡厚爾馬上採用了高爾基染色法，有系統地將整個神經系統一一進行切片染色觀察。

當年還沒有顯微鏡照相術，因此一眼就著鏡筒觀察，一眼看著顯微鏡旁的繪圖紙，將顯微鏡下的景觀給畫出來，是生物學家的基本訓練。卡厚爾年輕時曾考慮從事藝術工作，在此，他的繪畫才能顯露無疑，一幅幅美觀、精細又準確的顯微解剖圖，就從他的手上產生。一八八九年，他第一次出國開會，參加德國解剖學會的年會，展示他的結果，贏得當時知名學者的一致讚賞。

一八九四年，卡厚爾將他幾年來的成果寫成專書發表，書名為《人與脊椎動物神經系統組織學》(*Histology of the Nervous System of Man and the Vertebrates*)，一九〇四年又出了新版；法文版於一九一一年即已出版，至於英文版則遲至一九九五年才問世，而且一下就有兩家版本，其中牛津大學(University of Oxford)出版的一套兩本，厚達一千六百多頁；另一套由德國的 Springer Verlag 出版，分成三本，還沒出齊。科學專書落伍淘汰的速度極快，唯有解剖學圖譜是明顯的例外，理由也不難瞭解：到底我們的身體構造短時間內是不會有什麼改變的。

卡厚爾是細胞理論的堅定擁護者，他認為神經組織也是由一個個獨立的細胞所組成。其實卡厚爾對此並未有真憑實據，因為以高爾基染色法染出的神經細胞固然清楚，但細胞與細胞相接部位的構造，卻超出光學顯微鏡的解析能力。像高爾基本人，就堅持神經細胞互相連在一起的網狀理論。

一九〇六年的諾貝爾生理醫學獎，頒給了高爾基及卡厚爾兩人，頒獎典禮時他倆也才第一次見面。然而高爾基的得獎演說卻以神經細胞理論為題，大肆批評了一番，這也是諾貝爾獎史上著名的公案之一。至於神經細胞之間的聯繫，則要等到一九五〇年代電子顯微鏡發明之後，才得到真正的證實：神經細胞之間的確是分離的；這又是科學史上因技術進步引起另一波新發現的例子。

2003
04/02

同行相忌？

談到同行相攜或相忌的故事，可是各行各業都有，數不勝數。中國古代有孫臏、龐涓的生死之爭，也有焦不離孟、孟不離焦的佳話；「既生瑜，何生亮」更是千古名嘆。同一時代、同一行業都屬傑出的人物，除了少數能惺惺相惜之外，只怕相互較勁的例子更多。筆者任教研究所十幾年下來，發現只要是同一年進實驗室的研究生，無論性別異同，明裡暗地爭強奪勝的情形就沒有少過。到了畢業口試的季節，總有人為了自己的成果不如人而黯然心傷。

上述經驗對筆者來說，可是毫不陌生；我在國內外修習碩士及博士階段，也都各有一位同門一起走完全程。我的碩士論文口試排在同窗之後，受到口試委員不算公平的對待；當天低落的心情，超過四分之一個世紀後，記憶仍然深刻。反之，我的博士論文口試比我先進實驗室的同窗還提早幾個月完成，處於興奮之下的筆者，當然也就無暇顧及別人的心情。

因此，我常拿這兩段個人經驗與學生分享，說一些什麼「人生成敗難定，沒有必要處處與別人相比」的老生常談，來勸慰自以為吃虧的學生，用意無非是讓他們覺得好過一些。只不過世事總有好壞兩面，人生奮鬥的過程要是沒有同伴的相攜或相激，有些路可能走不下去；一旦功成名就，可以共度難關、不能同享安樂的夥伴，也不在少數。這是人情之常，沒得好說。

科學界的搭檔裡，發現 DNA 雙螺旋結構的華生與克立克可算是數一數二出名的，他們也是一對「奇怪的組合」(odd couple)。華生是生物學家，比學物理出身的克立克小個十二歲，卻多了博士學位，同時華生是個大而化之的美國人，克立克則是位一絲不苟的英國紳士；一般人很難想像這麼不同的兩個人，會成為無話不談的好友。當時他們有位同事說得好：「他倆都有一股在聰明才智上難得碰上對手的自大傲慢之氣。」華生自己也說過，他受不了思路慢半拍的人，而克立克的狂傲，則讓自信心不夠的同事相當戒慎恐懼。所以說，兩位才情相當，但在其他地方又不大相同的人會相互吸引，可能也是一種互補心理使然。

然而真正把他倆結合在一起的，還是科學。他們都相信 DNA 就是遺傳物質，並且解開 DNA 的結構是最重要的事；因此，他們可以從早到晚討論這個問題而不厭倦。華生在回憶造成他們成功的原因時，上述兩點都有提及；反之，真正擁有 DNA 實驗數據的佛蘭克林 (Rosalind Franklin) 及魏爾金 (Maurice Wilkins) 兩位就因個性不合，未能坦誠交談，而與發現失之交臂。

不過，面對可能比自己更聰明的克立克，華生還是有幾分自卑感，部分可能來自生物學家面對物理的愛恨交織（英文裡有個名詞，叫 physics envy），這裡頭可能與智商無關，而是思考問題的方式有所不同。生物學家喜歡具象的思考，也就是從實體的影像及數據作歸納整理及推論，碰上過於抽象且要用上複雜數學運算的物理，就沒輒了。像解讀X光晶體攝影圖像所需的物理及數學知識，華生就得仰賴克立克的幫忙，他們第一次做出錯誤的模型，也就是華生沒能完全聽懂佛蘭克林的演講所致。

發現雙螺旋之後，華生回到美國加州理工學院（California Institute of Technology）待了兩年；他依樣畫葫蘆，想繼續解決RNA的構造，但卻徒勞無功。一九五五年，他得到哈佛大學的聘書，但他決定先回英國劍橋待上一年，希望有克立克相助，能再下一城。結果那一年兩人各忙各的，未能像三年前一般全心合作；同時，雙螺旋文章發表後，兩人都出了名，也稍有心結。一九五四年，《科學人》（*Scientific American*）雜誌邀請克立克撰寫介紹雙螺旋的文章，卻沒有同時邀請華生，讓華生嘀咕不已；不過華生的相片卻出現在同年的《財星》（*Fortune*）及《時尚》（*Vogue*）雜誌上，被譽為全美最優秀的青年科學家及才智之士之一，讓他心裡好過一些。

早年某位華生的研究生說過：「很多人都認為華生成不了氣候，真正的好點子是克立克想出來的；華生不像是什麼照亮大地的閃電，而像個螢火蟲罷了。」一九五九年，麻州綜合醫院頒給華生及克立克該院三年一度的華倫獎，領獎後兩人都給了最新成果的專題演講。克立克談的是之前稱為「轉接子」的轉送RNA（transfer RNA, tRNA）新發現，贏得滿堂彩；華生則對病毒與癌症的關聯提出臆測，其中假說多於事實，未能讓人信服。演講結束後，華生認為自己的才智表現，明顯要比克立克低上一級，而感到悶悶不樂。之後，華生以寫作、管理研究機構及參與制定科學政策來維持其影響力；克立克則不斷走在知識前沿，自始至終都是傑出的科學人。

多數人都想成名，但少有人想到要維持聲名不墜，得花多少力氣。華生與克立克因雙螺旋而成名，五十年來，他倆走上不同的道路，也都沒有汙了名頭。從這一點看來，有個明裡暗地讓自己不想落後的同行存在，也不算什麼壞事了。

2002
12/04

君子斷交

近日由於江才健所撰《規範與對稱之美——楊振寧傳》一書的出版，以及楊振寧回臺慶祝八十大壽，坊間媒體又再次大肆炒作楊振寧與李政道這兩位諾貝爾獎得主的陳年往事，不過焦點大都指向他倆由親如手足變成形同陌路的經過。雖說好談名人八卦是人的天性，但多數評論是以「損失」或「可惜」來形容他倆的決裂，那可是對學術界同行「既合作、又競爭」的本質，欠缺一些瞭解；對於學術中人在意「功勞誰屬」的認定，也少了一層認識。

學術中人因合作而有重大發現的，所在多有，以筆者較熟悉的諾貝爾生理醫學獎為例，就有克立克與華生（Crick/Watson，一九六二年）、霍奇金與赫胥黎（Hodgkin/Huxley，一九六三年）、夏可布與莫諾（Jacob/Monod，一九六五年）、修貝爾與維瑟爾（Hubel/Wiesel，一九八一年）、布朗與哥德斯坦（Brown/Goldstein，一九八五年），及奈爾與沙克曼（Neher/Sakmann，一九九一年）等人。這些人都屬於同輩，在得獎前曾一起發表過許多文章。像霍奇金／赫胥黎及修貝爾／維瑟爾這兩對生理學家發表在《生理學雜誌》(*The Journal of Physiology*)上的文章，都是以姓氏字母為作者的排序；而諾貝爾獎委員會所公布的名單，也是以字母排序為準。不過楊與李得獎那年，似乎是少數的例外（楊排名在前）。

師徒之間的合作關係，比起同輩間出現的爭執來得少一些（不是沒有），其原因也不難想像。一般而言，師徒合作的互利大於競爭，同輩則反之。上述諾貝爾獎的共同得主，在得獎後還繼續合作的，為數甚低，有許多甚至在得獎前就已經停止合作。至於李楊二人在得獎後還合作了五年，已經是頗為難得的了。

「自三代以下，無有不好名者」。學術中人雖自詡清高，但碰上研究成果功勞誰屬的問題，絕對是當仁不讓，非要爭個清楚。理由無他，科學家的聲名及出路，靠的都是發表在學術期刊的研究成果，而不是看你有多聰明、多會講話，或是寫了多少「報屁股」文章。因此，研究夥伴在發表論文上互爭排名的情事，經常可聞。如係師生關係，那發表時學生掛頭名，老師殿後，已是不成文規矩；如果同是剛起步的研究者，就難免會因誰掛頭名而傷和氣。

有人說過：「科學家的自我就是那麼回事。」一方面，沒有人會看輕自己的貢獻，總覺得自己做得更多；而研究完成後，也少有人會記得最早是誰想到的點子。就算是兩位好友合作無間，彼此輪流掛頭名，但還是有唯恐天下不亂的好事之徒前來挑撥；只要其中一位忍不住說出：「百分之九十是我起的頭，我做的主要突破，我執筆寫的文章。」這樣的話來，要繼續合作，只怕也難。就算那是實情，誰又會願意承認自己只是跑龍套的配角？況且，自我強烈的科學家常只想到自己的腦子在動，又豈知別人可能也在想同樣的事？

科學研究其實有不同的層次，探討的問題可大可小，方法也有難有易；許多人到後來會強調「科學品味」一詞，乃是在強調彼此的差異有高下之分。被人說成品味不高的，心裡當然舒服不到哪裡去，就算是事實，也絕不願承認，只會說彼此興趣不合罷了。英國心理學家韓福瑞 (Nicholas Humphrey) 指出，人類的智力發展不是用來解決問題，而是企圖勝過同儕。李楊二人決裂以後，仍然關心對方的論文發表及近況，就是這種互別苗頭的心理展現。

其實，一般人都有交朋友的自由，道不同不相為謀，亦屬人性之常，在高度競爭、自我強烈的行業尤其如此。因此，一般人會對成名科學家不能合作或是交惡感到訝異及不解，是頗堪玩味的現象。或許大眾對於「清高」的學人還有一分憧憬，希望這些人能為眾人表率；但他們有所不知，真正的學術中人更是強調獨立自我與率性而為，不像一些政界或產業界人士，還會因利害關係而犧牲個人好惡。這回楊振寧訪臺，有記者追問：「是否願意與李重修舊好？」而楊乾脆地回說：「我想不見得！」四十年前的痛苦決裂，又豈是單方面的一句話可以彌補？筆者不免為年輕記者不懂人情世故而失笑。

筆者藏有一套二十五本的《生活科學叢書》(*Life Science Library*)，其中一冊以《科學家》(*The Scientist*) 為名，書中的第一張插圖，就是李楊當年推翻「宇稱守恆定律」的一頁筆記手稿；上頭有粗細兩支筆寫下的字跡，大概也只有當事人才知道哪一部分是誰寫的。而該書的最後一張插圖，則是楊振寧與夫人於一九五七年的諾貝爾頒獎典禮舞會中翩翩起舞的留影。看著這兩頁四十五年前的歷史影像，不免讓人低迴不已。

2002
06/12

李卓皓與腦內啡

最近，又有人重談「跑者高潮」(runner's high) 與腦內啡 (endorphin) 這個話題。慢跑從一九七〇年代開始流行以來，不少養成習慣的人一天不跑就覺得全身不對勁，好似脫癮一般。同時，許多人在跑上三十分鐘左右，會有疲勞盡失、滿心歡喜之感。量測這些人血中腦內啡的含量，的確有所上升。於是就有人宣稱，跑者高潮是由於腦下腺分泌的腦內啡作用在腦中所致。

談到腦內啡，不能不提一位傑出的華裔科學家李卓皓，因為腦內啡就是他發現的。除了幾位物理學家之外，李曾經是最出名也最有希望得到諾貝爾獎的華裔科學家。他是美國國家科學院院士，當然也是中研院院士，中研院的生化研究所就是因他而成立的。只不過在他過世十幾年後，新一代的學子已沒有幾個聽過他的大名，不免讓人感嘆。

李卓皓是廣東人，一九三三年金陵大學化學系畢業，他的學士論文就已發表在《美國化學會期刊》(*Journal of the American Chemical Society*)。一九三五年，他前往美國密西根大學 (University of Michigan) 深造，在舊金山下船後，他在加州大學柏克萊分校 (University of California, Berkeley) 就讀的兄長帶他去見加大的化學系主任。結果憑著他發表的學士論文，系主任破例收了他（之前他的申請被拒），李也就在加大待了下來，一直到一九八三年退休。

李在三年內就取得了博士學位，同時幸運地在加大實驗生物研究所找到一份工作（且不說李的華人身分，當年學術界及產業界的工作就少得可憐，更別提當時是美國經濟大蕭條的三〇年代）。該所所長艾文斯 (Herbert M. Evans) 是著名的解剖及內分泌學者，當時對腦下腺分泌的激素（荷爾蒙）感興趣，因此要李使用化學方法進行分離的工作。

以化學方法來研究內分泌在當年還是新觀念，所用的方法與李之前所接受的訓練也全然不同，但李接受了這項挑戰，也得到了豐盛的結果。在十年間，他與該所的生物學家密切合作，一共發表了一百二十六篇文章，純化了四種腦下腺的激素。他也從化學技師、講師、助理教授、副教授一路升上了教授。一九五〇年，加大並為李成立了獨立的「激素研究實驗室」，一直到李退休後，才改名為「激素研究所」。

李卓皓從腦下腺激素的純化開始，一路到結構的確定及人工的合成，貢獻既多且廣。一九五三年，他報告了腎上腺皮質促素 (adrenocorticotropic hormone, ACTH) 的純化；接下來的十幾年當中，他發現了一系列與 ACTH 關係密切的蛋白質激素。其中的色素細胞刺激素 (melanocyte-stimulating hormone, MSH) 是 ACTH 本身的一部分，還有另一個大分子也包含 MSH 的構造在內，同時具有分解脂肪組織的作用；因此，李將它命名為脂肪控制激素 (luteotropic hormone, LTH)。

當時李從不同動物（包括人）取得的腦下腺進行激素的純化鑑定，以比較其中異同；其中使用的動物之一是駱駝（據說是一位伊拉克來的博士後研究員提供的材料）。結果駱駝的腦下腺並沒有發現完整的 LTH，而是 LTH 當中的一個片段。由於該片段沒有表現 ACTH 家族激素的任何功能，因此李也沒有太在意。

一九七五年，英國亞伯丁大學 (University of Aberdeen) 的兩位研究人員在豬的腦組織中，發現了第一個內生性的類鴉片物質 (opoid)，由五個胺基酸所組成。該結果發表後，李馬上發現那五個胺基酸的組成與排列，與 LTH 當中未知功能片段的開頭五個胺基酸完全相同。經由藥理方法的檢驗，發現這段由三十一個胺基酸組成的蛋白質分子，確實具有極為強效的嗎啡 (morphine) 性質。於是這段由李卓皓實驗室所分離的內生性類鴉片物質，就定名為「腦內啡」，由內生性及嗎啡兩個英文字的字首及字根所組成。

至於腦下腺含有大量腦內啡的駱駝，是否代表牠們較不怕痛呢？李在某次開會時曾有此一說。但後來的實驗發現，那很可能是當初在收集駱駝腦下腺時，保存條件不當，造成 LTH 的分解所致；小心收集保存的駱駝腦下腺，就得不出那樣的結果。這種實驗條件所造成的人為誤差，在氣候炎熱地區及冷氣、冰箱不那麼普及的年代，經常容易出現。

那麼，腦內啡是否是造成跑者高潮的原因呢？稍微有點神經學知識的人都知道，血中的大分子及帶電物質，都不容易通過腦中的血腦屏障 (blood-brain barrier)。就算腦內啡參與了這項作用，來源也不會是腦下腺，而是由腦中的神經元本身所分泌。再者，由動物實驗得知，運動的確會造成上癮，其中不論有無腦內啡的參與，最終還是興奮了由中腦傳向前腦的多巴胺 (dopamine) 神經系統，也就是本書〈成癮〉一文中提到的「報償徑路」(reward pathway)，人之大慾的起點。

一九七〇年代初，李回國在臺大體育館作專題演講，筆者也捧著剛讀過的動物學課本到場聆聽。如今李雖已逝去，但加大仍有以他為名的講座，國內也有以他為名的獎學金，提供國人內分泌學者進修之需。筆者於一九九七年休假進修時，就很榮幸得到該項補助。同時筆者前往進修的實驗室，當年也與李共同發表過有關腦內啡的論文，這層因緣，特為之記。

輯 2

科學拾穗

2001
10/31

生命是什麼？

《生命是什麼？》（*What is Life?*）一書是奧地利物理學家薛丁格（Erwin Schrödinger）於一九四三年二次世界大戰期間，在愛爾蘭都柏林的三一學院所發表的系列演講結集而成。該書自一九四四年出版以來，已成為二十世紀生物學經典著作之一，影響了好幾世代的生物學家。國內去年出版了中譯本，其中還收集了一九五六年薛丁格於劍橋三一學院的另一篇演講稿〈心靈與物質〉，以及他過世前一年寫的一篇簡短自傳。

拿「生命是什麼？」這個問題來問不同領域的人，得到的答案只怕是南轅北轍。對近六十年前的薛丁格來說，他是以基本的物理原理及本身量子力學的專長，試著對當時仍然未知的遺傳物質及突變原理提出臆測；同時他也以熱力學（thermodynamics）的第二定律來解釋有序的生命。近代許多生物學家都自稱受到薛丁格這本小書的影響，包括一九五三年發現 DNA 雙螺旋結構的克立克與華生。

的確，現代生物學在實證科學的基礎上，已摒棄了生機論的講法，不認為生命本身有什麼不可捉摸的生命力存在，生命體既是由物質所構成，其運作也必定要符合物理與化學的原理。雖然以生物體的複雜程度，還有許多我們未能完全瞭解之處，至少迄今還沒有什麼生命現象違反基本的物理與化學原理。

根據《韋氏新大學辭典》(*Webster's Ninth New Collegiate Dictionary*) 對「生命」一詞的定義，係指表現出代謝、生長、對刺激反應，以及生殖等功能的個體，與「無生命物」或「死去個體」相對。有的定義還會加上修補、適應不同環境，及產生變化（突變）等特質。一九四八年，發明博奕論 (game theory) 的數學家馮紐曼 (John von Neumann) 對生命的特質提出了一些理論分析，在今日電腦及自動化的時代，看來特別引人入勝。他認為包含以下四個部分的，即可稱為生命體：

A.收集原料，並根據「書面」指令轉換成產品。

B.複製裝置，能接受指令進行複製。

C.控制器，接受指令後，先將指令傳給B進行複製，再送至A產生行動：將一份拷貝傳給「子代」(A之產品)，一份自己保留。

D.擁有書面指令。

馮紐曼分析的有趣點，在於他不是完全以生物系統為考量，許多科幻小說及電影所描述的機器人就具備這樣的本事。但套用在生物系統上，任何大於病毒的生物都符合上述的分析：像A是製造蛋白質的核糖體，B是複製DNA及RNA的酵素，C是細胞複製中控制基因開啟及關閉的分子，D是DNA序列上頭的遺傳訊息。

病毒之所以不符合上述的分析條件，是它缺少了A及B，因此病毒必須侵入宿主，利用宿主細胞的複製裝備，來達成己身的繁衍。至於細菌就具備了所有的條件，可以獨立存活；其餘的各種動植物，自然也都是符合的。

二〇〇〇年六月，美英等國宣布人類基因組序列草圖工作完成了，為解開生命的奧祕奠立重要的里程碑。事實上在那之前，科學家已完成了不下十來種生物基因組的定序工作，其中以各種微生物為主❶，基因組定序的工作引出了一個讓人著迷的問題，那就是：要成就一個生命體，所需要的最少基因數是多少？

人類的二十三對染色體由三十億個鹼基字母排列組成，其中攜帶約三至四萬個基因。而由凡特(Craig Venter)所領導的賽勒拉公司(Celera Genomics)解開最小號的細菌基因組（生殖道黴漿菌(*Mycoplasma genitalium*)），只有五十八萬個鹼基，五百多一點的基因數。凡特等人更進一步破壞該細菌的基因，將其維生必需的基因數目，降至兩百五到三百五之間。凡特甚至考慮採用由下往上的方式，在細菌的外殼中加入人造的染色體，希望以逐步添加基因的方式，製出獨立存活的生物來。

從生理學的角度來看，一個生命體當然不只是一張細胞膜包著一捆基因而已。除了得表現上述對生命的所有定義外，一個活細胞必須花能量維持細胞內外的差異；當細胞內外變得都一樣時，這個細

---

❶詳情可閱《基因組圖譜解密》(*Cracking the Genome*)一書。

胞也就死了。薛丁格試著以熱力學第二定律來解釋無序到有序的生命現象，就是這一點。至於怎麼樣給死氣沉沉的人造細胞帶來生命的那一口氣、那一閃火花，還不是許多人敢想的問題，但遲早會有人嘗試。

因此，科學家眼中的生命，可能少了宗教家的神祕與藝術家的浪漫，但尊重的態度其實並無二致。有人以為只有動物有生命，卻忘了植物也是生命而堅持茹素，當然有盲點；比起有人把體外受精生成胚胎當中的幹細胞看成是寶貴的生命，卻無視更多病人的生命可能因這些細胞而受惠的事實，科學家對生命的態度，無疑是更實際的。

2001
01/17

生物愛好者

西諺有云：「好奇心會讓貓喪命。」但人類對世間萬物的好奇心，卻是進步之源。人懂事以後最常發出的問題是：「為什麼？」某些人的疑惑終其一生解決不完；有的人則早早不知有惑，吃飯睡覺度日；也有人將所有答案推給未知的全能者，安心等待救贖。

縱然好奇之心，人皆有之，其間又因人而異。有人喜歡向外探索，星辰山川，草木鳥獸，都是發問對象；有人則好往內省思，演繹歸納，成一家之言。人之際遇發展不同，後天學習環境固有影響；但許多性向，卻是從小可以看出。對生物及人體的好奇及喜愛，絕對是其中之一。

有的小孩從小喜歡動物，豢養的狗、貓不說，野生的蝴蝶、蜻蜓、蚱蜢、甲蟲，也都愛不釋手（雖然最後難逃肢解命運）。近日研究所入學甄試，有學生在自傳中提到，從小愛在廚房裡看大人殺雞剖魚，目的是想知道動物內臟的構造，顯然也是此道中人。至於高中生物實驗課裡，一把抓起青蛙作穿刺解剖的，更非這些人莫屬。

以研究螞蟻成名的威爾森，在自傳《大自然的獵人》中，描述了從小著迷於各種動物的經驗，以及最後選上螞蟻的原因。他七歲那年，因為釣魚，被魚鰭刺瞎了右眼，加上遺傳了對高頻音域的聽力缺陷，以至於不方便研究許多動物（如鳥、蝴蝶、青蛙等）。但威爾森書中談到少年時代抓蛇捕蝶的「英勇事蹟」，包括他不小心被響尾蛇咬過一次，以及大戰一條體積超大的半水生蝮蛇的經驗，只能以「驚心動魄」一詞形容。

政界人物裡，喜歡生物的也不乏其人，如日本明仁天皇是位魚類分類專家；美國的老羅斯福總統(Ted Roosevelt) 從小也是個生物愛好者，還不滿十八歲，就已經在鳥類學的專業期刊發表文章。九歲時，母親把他藏在家用冰櫃裡的野鼠屍體給扔了，他忿忿不平地繞著屋子打轉抗議，口中喊著：「科學的損失！科學的損失！」(The loss to science! The loss to science!)

然而對生物有興趣的人士當中，又可再細分成好幾類：前述的一些可謂田野派博物學家的代表。這些人多識草木鳥獸之名，對於生物的型態、分類、習性及分布等種種特性，不單感興趣且在行。另外一類的生物愛好者，對生命運作機制的興趣，則大過生物體本身。這些人可能完全不喜歡長時間待在野外觀察及採集標本；對於動、植物相的分布，以及學名、分類等細節，可能也毫不在意。但他們對於生物體如何呼吸、循環、消化、排泄、繁衍、與外界溝通，甚至於為何生病等問題，充滿興趣。這些人多是窩在實驗室裡的一群。

對從小就沉迷自身奧祕的個人而言，我很難瞭解許多人孜孜矻矻、汲汲營營，追求外在的知識或財富，但對最親密的身體，反而相當不在意，甚至任意濫用。多數人年輕的時候，總以為自己有揮霍不完的時間、用不盡的體力，不論是為考試、工作及遊樂而通宵熬夜；為了滿足口腹之慾暴飲暴食；甚至為了追求眼前的愉悅而沉迷於菸酒藥品。

如果把身體比擬為汽車，多數開車的人都不是機械專家，不見得曉得內燃機、傳動系統等細節。但我們只要有基本的常識，定期保養，更換零件，當可大幅增加汽車的使用年限。如若不然，水箱缺水造成引擎過熱；機油不換造成引擎磨損；再來煞車、輪胎該換不換，車子就算不停擺，走在路上也會出意外。至於人體的精密複雜度遠非汽車所能比擬，同時它還是活生生的，有自我修復的能力，因此遭受忽視及濫用的程度，常更勝於人工的機械產品。許多人總要到了一定年紀，身體出現某些狀況之時，才突然想到平日視為理所當然的身體，終究有罷工的一日。於是有人尋訪名醫，希望妙手回春；有的試遍偏方藥草，指望藥到病除；還有的尋求另類療法及養生之道。

孟子有云：「七年之病，求三年之艾；苟為不畜，終身不得。」對身體的瞭解與保養，也是一樣，必須及早從根本開始。在此推薦一本小書《肥胖與基因》，該書以輕鬆淺近的筆調，介紹生理學的知識，可以看成是「人體使用手冊」。原文書名《為什麼鵝吃不胖？（而我們會）》(*Why Geese Don't Get Obese (And We Do)*)，想當然是要吸引約占美國人口半數的過胖讀者；中文書名更加上了熱門的「基因」一詞，都不代表全書內容。該書副題：「為個體存活而演化出來的策略，如何影響我們的日常生活？」才更貼切地指出本書主題。

2003
07/16

愛是什麼？

一九七〇年，美國作家西格爾（Erich Segal）的暢銷小說《愛的故事》（*Love Story*）以及據此改編的同名電影一路紅到臺灣，一時間出現好幾個譯本（當年沒有授權這回事）。該書裡有那麼一句：「愛就是你不必說抱歉。」（“Love means never having to say you’re sorry.” 也有人譯成「愛到深處無怨尤」。）引起相當多討論。之後好一陣子還流行「愛是什麼？」的短句創作，在電臺播放。

其實，對愛的描述，最出名的大概要算《新約聖經．哥林多前書》第十三章裡的一段話，不單信徒朗朗上口（還有歌可唱），非信徒也不陌生。根據該經句，愛是諸德的靈魂，愛可永存不朽；然而聖經裡除了描述這些愛的特質，並要人克己以愛人、愛上帝之外，對於「愛」究竟是什麼，並無著墨。

那麼，科學對愛可有解釋？有人問過我這個問題，我也避重就輕地回說：「科學就像宗教一樣，對什麼事情都有解釋，至於答案是否完整、能否讓人滿意，見仁見智。」話說回來，科學研究的對象，一向都是可以定性或定量的，而愛是一種感覺、一種情緒，除非有行為的表現，甚難客觀研究。這也是心理學或生理學一向忽視「愛的研究」的主因。

那麼，愛有什麼樣的行為表現及生理反應呢？愛有多種形式，出現在親子、朋友、情人，甚至人與寵物之間，其中雖有性質及程度之別，但都有類似表現，那就是親暱的行為：彼此享受相偎相依、耳鬢廝磨的身體接觸。從中可以看出，人是群居的動物，喜歡有個伴，也喜歡肢體的接觸。然而，人類社會的歷史當中，親子之愛如何表達，卻有過相當多的爭議。尤其是十九世紀維多利亞時代的英國，以及進入二十世紀之後，西方某些醫學以及心理學專家認為，幼兒對母親的需求就只是供應食物的乳房而已（弗洛伊德 (Sigmund Freud) 加上行為學派的理論），並強調過多的母愛對小孩反而有害，會造成他們嬰兒期不快樂、青少年期作惡夢，甚至成年後也不適合結婚等毛病。影響所及，嬰兒不可以多抱、哭了不要馬上理他、從小應該自己睡、摔倒了讓他自己爬起來等做法，也成了許多人奉行的養育小孩之道。問題是，這種號稱「科學」的育兒法是否真的合理？

早在二十世紀上半葉，就陸續有醫生及研究人員發現，收留棄嬰及孤兒的教養院有極高的死亡率。就算其間衣食無缺，也講究清潔衛生，但在人手不足以及盡量少碰觸的指導原則下，一個個幼兒獨自躺在床上，看不到笑臉，也得不到任何刺激，他們都變得安靜不動、蒼白瘦弱，甚至連呼吸聲都細不可聞。這些幼兒經常發起高燒，經月不退，對藥物也不反應。同樣的情形也發生在長期住院又不讓父母在旁陪侍的小孩身上。

雖然陸續有人指出上述讓人心驚的現象並提出修正之道，然而真正將古老教條推倒，並把親情的重要性烙在大眾心上的，是美國心理學家哈婁 (Harry Harlow)。哈婁最出名的研究之一，是恆河猴代母的實驗。他以鐵絲網製作了兩個圓筒形，其中一個包上柔軟的絨布，裝上卡通式的假頭，裡頭還裝上發熱的燈泡；另一個鐵絲網除了放上一個奶瓶及較簡單的假頭外，其餘什麼都沒有。然後，他把出生不久的幼猴與這兩個人工代母單獨關在籠子裡。

根據行為學派的講法，幼兒喜歡母親，是因為母親提供了食物（所謂「有奶便是娘」），照理，幼猴應該會選擇有奶瓶的代母，結果卻不然，牠們絕大部分的時間都選擇依附在柔軟溫暖的代母身上，只有肚子餓時，才跑去鐵絲網代母處喝幾口奶，然後又回到包了布的代母身上。記錄該實驗的照片十分出名，任何人只要看過一眼就難以忘懷❶。裡頭傳達的訊息再清楚不過：食物雖是維生所必需，但幼猴更需要的是接觸性的撫慰，那不是奶瓶可以取代的。

不過，從小單獨飼養的恆河猴，就算有人工代母的依靠，各方面的發育仍不健全；那是因為人工代母只提供被動的慰藉，而不能主動地回應及刺激，也不會抱起幼猴搖擺。這些猴子都出現吸吮手指、前後搖擺、雙手抱著身體等不正常的行為。這種完全孤立、沒有接觸親情的動物長大後，也有無盡的問題：牠們被動退縮，也不向外探索，完全不能適應群體生活。這些猴子也不能與異性產生關係（事實上是什麼樣的關係都不可能）。哈婁以強迫的方式讓這種雌猴受孕並生產，結果牠們不是完全不理自己的小孩，就是把自己的小孩給殺害。

❶可參見《為什麼斑馬不會得胃潰瘍？》(*Why Zebras Don't Get Ulcers*) 一書 138 頁插圖。

哈妻的實驗引起不少爭議，但卻回答了「愛是什麼」的問題。從小受到親人愛心包容的照顧，才能發展出對人對己有信心、能愛他人的人。如果失去了這項最基本的愛，其餘的朋友、情人、夫妻、親子之愛，也就不用提了。

2001 12/12, 2002 01/02

如幻似真

人對外界環境的認知，來自身體的感覺系統，無論視、聽、觸、嗅、味等感官，都讓我們與外界產生聯繫，少了其中任何一樣，都是遺憾。感覺的產生，起因於我們身體內外的感覺受器，受到了物理能量變化（如聲、光、力、溫度）或是化學分子的刺激而興奮；這種局部的興奮，必須活化感覺神經末梢，一路傳回大腦皮質的感覺區後，我們才感受得到。

不少人或許有所體認，人的感官並不完美，好比說超過或低於一定波長、頻率的光線、聲響，眼及耳就看不見、聽不著。但一般人卻未必察知，我們自以為是的感覺，有時卻不一定為真。因為從周邊到中樞的感覺傳導路徑上任何一點遭到改變，都可能影響感覺訊息，而造成感覺的加強、減弱、扭曲，甚至無中生有。這方面較為人所熟知的是視覺，許多心理學或通俗科學讀物裡，都有刻意設計的圖形，製造出視覺的假象。以發現DNA結構成名的諾貝爾獎得主克立克近二十幾年改行研究認知科學；他寫的一本科普讀物：《驚異的假說》（*The Astonishing Hypothesis: The Scientific Search for the Soul*）裡，就有許多視覺假象的例子。

至於人的本體感也會製造假象，可能就沒有太多人曉得。我們對自己的臭皮囊可是熟悉無比，想都不用想就知道手腳在哪兒；閉著眼睛以手指摸鼻子，也絕不會摸到嘴巴去。幾年前，加州大學聖地亞哥分校的腦及認知中心主任拉馬錢德朗（Vilayanur S. Ramachandran）寫了本《尋找腦中幻影》（*Phantoms in the Brain: Probing the Mysteries of the Human Mind*），其中介紹了兩個小實驗，可讓我們體認一二，本體感也是很容易改變的。

第一個實驗需要三個人參與，其中兩人面對面坐定，靠近但不碰觸。受試者以布蒙眼，在第三者引導下，將其右手食指置於對坐者的鼻尖，然後以按鍵盤方式，輕敲對方鼻頭。在此同時，第三者也以指尖模擬同樣的頻率，輕敲受試者的鼻尖。經由同步進行的動作及感覺，受試者會誤以為他在敲自己的鼻子；不要好久，他會感覺自己的鼻尖已不在原來的位置，而飄浮在一手之遙的對面空中。

第二個實驗是由兩個人隔著張桌子，面對面坐定。該張桌子的桌面必須不透明，並且前後兩面都沒有遮擋。受試者將一隻手伸到桌面下方，眼睛則看著桌面；測試者的一隻手也伸至桌面下，以指尖輕搔受試者的手背（受試者看不到這個動作）。在此同時，測試者的另一隻手，則以同樣的頻率，輕搔受試者手背上方的桌面位置。不要好久，受試者會感覺桌面變成了自己的手背，接受著搔癢。如果測試者出奇不意，拿把榔頭重敲桌面一下，受試者還會驚呼出聲，以為自己的手被砸到。

上面兩個實驗可以讓我們瞭解，人固然有個實際的肉體存在，但唯有靠感覺系統的傳遞，我們才有本體的感覺；同時這份本體感可輕易受到扭曲。接受過局部麻醉的人，就曉得失去身體一部分的感覺；而習慣使用某項工具的人，其本體感也會擴張到工具之上。像坐在方向盤前的駕駛人，本體感就擴大至兩個輪距那麼寬；如果後視鏡或車身不小心被撞到或刮了一下，心頭的一痛，就如同本身受傷一樣。換開車型差異較大的新車，也需要一段時間適應，才能得心應手。至於使用筷子或電玩遙控器等，也都屬於本體感的延伸。

關於本體感覺的扭曲，神經生理學上有幾個出名的例子：一是「轉移痛」(referred pain)，另一是所謂的「幻肢」(**phantom limb**)。所謂轉移痛，指的是身體某部位出現的痛覺，其源頭並非在疼痛的位置，而來自身體另一處。最出名的例子，就是心肌梗塞（俗稱心臟病）的病人出現左上臂疼痛的症狀，而不一定是心絞痛。

我們對於轉移痛的產生機制，瞭解得較清楚。主要是控制身體感覺及運動的三十一對脊髓神經，都有特定的分布範圍，從上往下把身體分成一節一節；屬於同一節的身體構造在傳回感覺訊息時，常可能出現交錯的情形。像同一條胸椎神經掌控了心臟及上臂的感覺，當由心臟發出的感覺訊息進入脊髓往上傳送時，會被大腦誤以為是來自更常發出訊息的上臂皮膚；轉移痛因此產生。

此外上腹部有器官受傷，瘀血刺激到橫膈膜時，會出現肩膀上端的疼痛。原因是橫膈膜在發生過程中會帶著膈神經一道，從頸部下降到目前胸腹交界的位置；因此，橫膈與肩膀部位的感覺神經屬於同一脊髓神經的分布。曉得轉移痛的現象及原理，對於臨床醫生的診斷有莫大的幫助，一般人對於身體發出的訊號，也可有所警覺。

「幻肢」一詞，最早是在一八七二年，由美國費城的名醫米契爾 (Silas W. Mitchell) 所定名。那是美國南北戰爭結束後不久，有數以千計的傷兵，因傷口產生壞疽，遭到截肢的命運。這些不幸失去部分四肢的人，在復原之後經常會感覺失去的肢體依然存在，更麻煩的是，幻肢還經常伴隨難以忍受的疼痛，給病人帶來莫大的困擾。

其實，身體部位失去後產生幻覺的，不限於四肢，像乳房、陰莖、鼻、臉，甚至腹腔內的子宮、闌尾等，都有個案報導。這種現象剛開始遭人嗤之以鼻，以為全是病人的幻想；後來個案多了，醫學教科書雖予以承認，但多年來一直沒有人以實驗方法加以研究，也得不出合理的解釋，以至於幻肢成了醫學的鄉野奇譚之一。如果說幻肢只是種奇怪的感覺倒也罷了，但伴隨幻肢產生的疼痛，卻十足是真實的，且難以治療，無論以藥物及手術，都不易根除。

如前所述，周邊的訊息必須傳至大腦皮質的感覺區，我們才有知覺。以體感覺來說，大腦的感覺皮質與身體的各個部位，確實有所對應；一九四〇年間，加拿大的神經外科醫師潘菲德 (Wilder Penfield) 給病人動腦部手術時，順道進行了以微電極刺激皮質各部位的試驗，發現了體感覺區及運動區的投射。由於大腦本身沒有痛覺受器，病人只在頭皮作了局部麻醉；因此在整個手術過程中，病人仍處於清醒的狀態，可以回答問題。

潘菲德發現，人的大腦皮質體感覺區分布，與身體大小不成比例，像是整個軀幹不怎麼敏感的區域，所占的位置甚少，手及臉則占得很多，尤其是嘴唇。以此比例畫出的人形，稱為腦中小人

(homunculus)，臉大手大身小，看來甚是滑稽❶。

一九九一年，《科學》雜誌有篇文章報導，一批從脊髓背根切斷了前肢感覺神經的猴子，經過十一年後，其大腦皮質體感覺區原本負責上肢感覺的神經元，受到鄰近負責顏面感覺的輸入神經侵入及接管。研究人員發現，刺激這些猴子的臉部時，除了顏面感覺區的皮質神經元會興奮外，其鄰區原本負責上肢的神經元，也同時被興奮起來。這個結果顯示，大腦皮質的感覺區是可以進行調整的，這也是「神經可塑性」(neural plasticity)的有力證據。

拉馬錢德朗讀了這篇報導，馬上想到截肢病人的幻肢現象，於是找來一些病人進行研究。他的第一位受試者，是從手肘以下失去了左手臂及手掌的病人。拉馬錢德朗將病人的雙眼蒙起，以棉花棒輕觸病人的左臉頰，果不其然，病人不但臉上感覺到刺激，同時失去的手部也一樣。經由一點一點的刺激，他在病人的臉頰上畫出幻肢的完整投射，五根手指頭俱全。

拉馬錢德朗不但在臉頰上發現了手部幻肢的投射，他還在病人的左上臂發現另一個投射區。原來，負責手部的皮質感覺區正夾在顏面及上臂感覺區的中間；兩側的感覺神經都侵入了原本手的感覺區，形成新的投射。

由此發現，拉馬錢德朗對於幻肢的感覺成因有了合理的解釋：由於皮質感覺區重新調整，原本的

---

❶有興趣的讀者可以參考《大腦小宇宙》(*The Human Brain*)一書第41頁的插圖。

皮質神經元有了新的責任區，不時接受到新的刺激；但這些神經元仍保有失去肢體的記憶，因此也就不斷接受提醒，好似該肢體仍然存在一般。

另一樁有趣的發現，是足部在皮質感覺區的分布位置與生殖器的鄰近；因此，截除下肢的病人足部的新投射區，位於生殖器附近。這些人在做愛時，會感覺足部幻肢也產生了高潮；對此，拉馬錢德朗忍不住提出了戀足癖的可能解釋。還有，耳垂與乳頭的皮質感覺區也是靠近的；因此，某些人津津樂道的性感帶，其實有點生理的基礎。

拉馬錢德朗的發現不但解開了多年來的幻肢之謎，也為飽受幻肢之苦的人士，提供了可能的解救之道。他的第一個受試者說：「我的幻手有時癢得讓人發瘋；以前我無計可施，現在至少我曉得該抓哪裡了。」

幻肢的研究讓我們再次體認：人是感覺的動物。我們的存在，甚至整個世界的存在，都取決於我們的知覺：存在但感覺不到的，等於不存在；不存在而感覺得到的，就等於存在。人之容易受感官所欺，一至如此，這是我們得認清的現實。

2001
05/02, 05/23

睡眠與作夢

每個人對於自己出生那年所發生的大小事件，大概都有份關心，從書上讀到有關年份的記載時，對該數目字也特別敏感，似乎自己出生的那年，如果有重大事件發生，也與有榮焉。國外的卡片專賣店裡，還找得到年份卡，每年一張，上頭記載了該年發生的大小瑣事，包括一些名人的生死，以及一些時尚、物價與新聞剪報等。

我出生那年（一九五三年）有幾樁瑣事，像是史達林 (Joseph Stalin) 去世、伊莉莎白女王 (Queen Elizabeth II) 登基、《花花公子》(*Playboy*) 雜誌創刊等。但在生物醫學研究上，可是相當重要的一年，生物遺傳物質 DNA 的構造雙螺旋就在那年二月，被華生及克立克給發現。此外第一個抗精神分裂症的藥物 Chlorpromazine，也在那一年正式使用，開啟了以藥物控制精神疾病的新紀元。本文要談的則是有關睡眠的研究，在那一年出現重大突破。

自古以來，人就對睡眠與作夢感到好奇，故事不絕於書。希臘神話中，睡神 (Hypnos) 與死神 (Thanatos) 稱作「夜晚的雙生子」，睡眠也常比擬為「短暫之死」。中國的筆記小說裡，夢與現實經常不分，如魏徵夢斬蛟龍、包公夜斷陰司、南柯一夢也不過熟煮黃粱。到了二十世紀初，弗洛伊德發表《夢的解析》(*The Interpretation of Dreams*)，希冀藉夢來瞭解心靈，然而他對於睡夢的真正瞭解，實屬有限。這也印證了威爾森所言：「真實的世界與一般的經驗相去太遠，沒法僅靠想像來瞭解。」唯有經過科學方法的研究，我們對於睡夢才有目前的認識。

哈佛大學的霍布森 (John A. Hobson) 在他的《睡眠》(*Sleep*) 一書中借用林肯的名言，說睡眠屬於「腦有、腦治與腦享」(Of the brain, by the brain and for the brain)，相當貼切地指出了睡眠的本質、控制與目的，都與我們的腦子脫不了關係。因此睡眠的科學研究，也與神經學的發展密切相關，其中最重要的進展，乃是腦電波圖 (electroencephalography, EEG) 的發明。

早在一八七五年，就有英國及波蘭的科學家將電極置於實驗動物的頭皮上，發現兩點間可以測得電位差；但遲至五十年後，才由德國的科學家貝爾格 (Hans Berger) 將此法用在人身上，腦電波紀錄也才正式問世。其實從頭皮上記到的腦電波，是眾多腦神經集體放電的綜合產物，很難從中得出神經細胞的真正活性，及其生理意義。有人打過比方，說腦電波紀錄就像外星人把一支麥克風掛在北京市上空，試圖對十億中國人有所瞭解一樣，遙不可及。然而經由這樣的紀錄，研究人員自一九三〇年起，就研究了人從清醒到睡著之間的腦波變化；發現腦電波的波型從清醒時的低幅高頻（快且小），到睡熟以後變成高幅低頻（慢且大），隨著入睡愈深，變化也愈明顯，因此稱為「慢波睡眠」(slow-wave sleep, SWS)。

然而長達二十年之久，研究人員並不曉得人在進入熟睡後約一個半小時，腦電波還有一回巨幅的變化，也就是快速動眼睡眠期 (rapid eye movement sleep, REM sleep) 的出現；同時一個晚上每隔九十分鐘，慢波睡眠與 REM 睡眠就反覆出現一回，共四至五次。REM 睡眠的延遲發現，原因也很單純：一方面早年以科學方法研究睡眠者甚少（多數人認為人睡著後，沒什麼好研究的），再來睡眠研究多在夜間進行，研究人員通常等受試者睡著後，再記錄個幾十分鐘就收工，打道回府休息去也（還有一個理由是節省紀錄紙及墨水）。

REM 睡眠的發現是個意外。一九五三年，現代睡眠研究的祖師爺——芝加哥大學 (University of Chicago) 的克萊特曼 (Nathaniel Kleitman) 和博士生艾瑟林斯基 (Eugene Aserinsky) 首次拿新生兒來作研究；理由是嬰兒睡著的時間比醒著多，可在白天研究，避免加夜班。結果嬰兒的睡眠型態與成年人大不相同，他們常是一睡著就從慢波睡眠進入 REM 期，不單眼球出現快速的同步移動，同時腦電波也從大而慢變成小而快，好似清醒一般，因此又稱為弔詭睡眠 (paradoxical sleep)。第一回見到這個現象，克萊特曼還以為是儀器出了問題（之前在成人身上偶爾見到，他們也都以為是人為誤差，不予採信）。更有趣的是，將處於 REM 期睡眠的人喚醒，這些人十之八九會說他們正在作夢。

出名的睡眠專家幾乎都寫過專書，介紹睡眠與夢。除了前頭提過的霍布森外，近年有好幾本新書，分別是拉維 (Peretz Lavie) 的《睡眠的迷人世界》(*The Enchanted World of Sleep*)、狄門特 (William C. Dement) 的《睡眠的允諾》(*The Promise of Sleep*)，以及雪費 (Michel Jouvet) 的《睡眠的弔詭》(*The

Paradox of Sleep: The Story of Dreaming)，都是研究睡眠幾十年的大師之作，各有著重及風格，值得一閱。

人少不了睡眠，但不見得都知道自己究竟需要多少睡眠時間。睡足八小時才夠的迷思相當普遍，因此有人主觀認定自己經常睡眠不足，不時想辦法補眠。事實上睡眠時間如同眾多的人體生理變數一樣，具有常態分布：有的人需要多，有的人需要少，從四小時半到十小時半不等；但絕大多數人(65%)落在六小時半到八小時半之間。我們可以自行將每日睡、醒，以及白天打盹的時間，做些紀錄，連續一個月，當對自己的需要，有所瞭解。

研究人類睡眠的實驗室，少不了一間供受試者睡覺的房間，受試者在頭上、眼皮及身上都貼上電極，全套的監視記錄裝置則位於相鄰房間。一般人或許好奇，身上戴著電極並在陌生人的監測下，怎麼睡得著？事實卻不然。絕大多數正常或失眠的受試者，在這樣的環境下很快都能入睡，且一夜安眠。究其原因，安靜的環境及心情有所託付占了很大的因素（就像許多人進了醫院，病就好了一半）。

睡眠研究也指出，人主觀的認定，常不符合客觀的紀錄。許多抱怨睡不穩及失眠的人，實情並沒有那麼嚴重：他們處於熟睡的時間，也常比自我認定的來得長。一般人準備就寢前的舉動，像刷牙、換睡衣、關燈、頭碰枕頭等，久而久之都成了睡眠的條件刺激，因此許多人躺下沒幾分鐘就能睡著。反之，對失眠者來說，睡前的這些準備，則成了擔心睡不著的刺激源：想到要上床就開始神經緊張，再有個風吹草動，更是全身緊繃。因此失眠是種惡性循環，患者必須建立方法及信心，打斷該循環。

研究顯示，只要睡著了，許多慣性失眠者的睡眠品質與常人並無差異。

睡眠雖然重要，但科學家對於人為什麼要睡覺的問題，仍然沒有滿意的答案（「為了休息」這種目的論的答案，並不是科學的解釋），不過我們對於睡眠的控制，則瞭解得較清楚。清醒與睡眠是由腦幹上行的神經系統所控制，前腦的下視丘及視丘位置，也參與在內。通常下午三點至六點，及晚上十點到清晨六點，是一般人最容易睡著的時段，稱為「睡眠之門」(sleep gate)，其他時間再怎麼努力常也難以入睡。因此曉得這種內在週期的存在，對睡眠的瞭解是必要的。

孔老夫子曾說：「吾久已不復夢見周公。」很多人也會說，好久都沒作夢了。事實上，我們每晚都在作夢，而且每九十分鐘左右出現一回，只是不見得記住罷了。前頭說人在 REM 期作夢，並不是說其他的睡眠期就沒有夢了。通常 REM 期的夢境較有故事性、多細節及感覺，也較容易記得；慢波期的夢境多是片段的思路與想法而已，嚴格說來，就不是夢。目前研究人員大都同意，夢境反映的是清醒時的生活，通常與一個星期前（不是當天）見過的人事物有關，而且常是最擔心的。這與國人「日有所思，夜有所夢」的講法不全相同；但為什麼記憶要等上好幾天才入夢，仍不清楚。因此人在成年後生活愈安定，記得的夢也就愈少；在新環境、新工作及新挑戰下，才出現較多讓人記得的夢。

作夢究竟有什麼用？有人從幼兒多 REM 睡眠（約是成人的兩倍半，占睡眠時間達 50%），認為這是持續給大腦皮質的刺激，有助於神經的發育。也有實驗證據顯示，REM 期與學習及記憶的成形有關；至於夢境，則可能是大腦皮質受刺激下的副產品而已。還有學者認為 REM 期是從睡夢到清醒之間的門戶，在REM期之後醒轉的人，在感官知覺上，要比從其他各期醒轉者，更接近最佳狀況；同時藉著REM期，可將為期九十分鐘的睡眠週期給連起來，形成一整晚的完整睡眠。

因此，人雖然早已進入太空，但對於身體的內在運作，包括睡夢在內，不解之處仍多。生物系統的複雜性，也再度得到驗證。

2002
11/13

作夢的真諦

這些原子再度在我四周旋轉……我的心之眼裡，充滿著無數類似的影像，我看見大型、奇特以及長鏈的形狀，像蛇一樣地扭曲。突然，有件事情發生了：一隻蛇咬住了自己的尾巴，形成環狀，在我眼前旋轉。我感覺像是被閃電擊中，就醒了過來。

上面這段話，是德國化學家柯庫爾 (Friedrich A. Kekule) 在一八九〇年的一場科學會議中，描述他發現苯環 (benzene ring) 的經歷。苯環的分子結構是十九世紀的有機化學家碰上最複雜的問題之一，之前的化學家認為所有的分子中，原子都是以直線連結的，柯庫爾卻發現苯分子應該是環狀的結構。根據他的說法，那是在一場夢裡發現的。柯庫爾並且以下面這些話結束了他的大會演講：「各位先生，讓我們都來學習作夢吧！或許我們可以由此找到真理。」

歷來科學家在夢境當中得出問題解決之道的，所在多有；除了柯庫爾外，一九三六年得到諾貝爾

生理醫學獎的羅伊 (Otto Loewi) 對於他得獎的發現「神經之間傳遞的化學性質」也有過類似的紀錄：

> 那年（一九二〇年）復活節主日前夕，我從睡夢中醒來，開了燈，隨手在一張細長的紙片上寫下一些東西，然後又睡了過去。次日清晨六點，我想起自己在夜裡記了一些重要的事，但卻看不懂自己究竟寫的是什麼。第二天半夜三點，同樣的念頭又在夢中出現了，那是一項實驗設計，可用來證明十七年前我提出的神經化學傳遞假說是否正確。這回我不再遲疑，披衣即起，趕到實驗室，以蛙心進行了這項夢中設計的實驗。

羅伊夢裡的實驗設計相當簡單：他先犧牲兩隻青蛙，將蛙心分置於兩個培養皿中，然後用電流刺激其中一個蛙心的迷走神經，造成心跳變慢（離體蛙心仍可跳動好一段時間）。接著，羅伊將接受刺激的蛙心所浸置的培養液取出，加入另一未受電刺激的蛙心培養皿中，結果也造成心跳變慢。這樣的實驗結果清楚顯示，迷走神經接受電刺激後，分泌了某種使得心跳變慢的化學物質，該物質進入培養液後，仍可發揮作用，使另一個未接受電刺激的蛙心跳動也變慢。

經由這樣簡單的實驗，羅伊證實了神經與肌肉之間的訊息傳遞，確實有化學物質的參與，也就是有所謂「神經遞質」的存在。他將該物質命名為「迷走神經物質」(Vagusstoff)，後人證明那就是乙醯膽鹼 (acetylcholine)，為生物體內最重要的神經遞質之一，不單是迷走神經，就連控制肌肉的運動神經以及腦中的許多神經元都用它來傳遞訊息。二十世紀後半葉的神經科學發展，也因此發現而開展新頁。

看了以上兩則夫子自道的夢中發現故事，對於想要解決自身問題的人士，可能也會懷著希望上床，希冀在夢中有所啟發，只不過實情卻不像表面那麼簡單。由柯庫爾的自述，他的「夢境」是他把頭靠在桌上，試著小睡幾分鐘時發生的，但是根據現代睡眠的研究所得，人類的作夢期是在睡著後約九十分鐘後才出現，也就是在所謂的快速動眼睡眠期發生。柯庫爾的夢境是所謂的「入睡前幻覺」(hypnagogic hallucination)，並非真正的作夢。至於羅伊在清晨三點的夢境，就可能是真的夢了。

話說回來，無論是入睡前幻覺還是真正的夢境，人的「潛能」究竟能否在潛意識的狀態下得到啟發呢？我想答案沒那麼簡單。柯庫爾及羅伊對於困擾他們的問題，可是魂牽夢縈了好些年之後才得出解決之道，他們在清醒時分所花下的心力，想必是難以估量。根據研究人員的紀錄，除了少數人會出現一些完全事不關己的夢境外，多數人的夢境還是與日常生活的人事物有關，「日有所思，夜有所夢」的說法，的確是真實的。曾有研究者比較過現代都市人與非洲或紐幾內亞土著的夢境，發現生活單純、資訊貧乏的土著，作夢期的眼球移動確實較少；這一點在盲人也有類似的發現。同時，盲人的夢境也缺少影像及場景。這些資料都間接支持「夢境是現實生活的延伸」的說法。

既然如此，那作夢到底有什麼用？這可是歷來研究作夢的學者都曾問過的問題，得出的答案也五花八門。以色列的睡眠研究者拉維在他的《睡眠的迷人世界》一書中，提出快速動眼睡眠期是「清醒之門」(wake-up gate)的說法，也是將為期約九十分鐘的睡眠週期連成一氣的黏合劑，讓現代人可以一覺到天明，無須像野生動物必須不時從睡夢中醒轉，查看環境當中有無危機。至於伴隨該期出現的夢境可能有刺激發育中大腦的成熟、強化本能行為，以及促進記憶痕跡的清理與儲存等功能，可能是演化過程中逐步招攬來的差事。

不管怎麼說，作夢是腦部活動的產物，並非古人以為是靈魂出竅、神遊太虛的結果。也因此，唯有現代神經科學的研究，才可能揭露夢的真正面貌；我們對於作夢一事，也才能以理性的態度面對。

2001
03/21,
04/11

談壓力

「壓力」(stress)一詞，現代人已是耳熟能詳，連「抗壓」(coping with stress)二字，近日也出現在國會殿堂。細究起來，這個原是工程學的名詞，最早是一九一四年由美國哈佛大學生理學者坎能(Walter Cannon)用在生物學裡，形容身體在外來刺激下，生理心理的反應。坎能同時也是「戰或逃」(fight or flight)一詞的發明人、自律神經系統生理的奠基者。

在坎能的觀念裡，身體對外界刺激的反應，主要是想辦法不讓體內的動態平衡(生理學家稱為「恆定」)受到影響。其中交感神經系統及腎上腺髓質所分泌的兩種腎上腺素，扮演重要的角色：像心跳加快、血壓升高、血糖上升、瞳孔放大、血流重新分布等。坎能把身體為了維持恆定所作的種種努力，寫成了《身體的智慧》(*The Wisdom of the Body*)一書，「身體的智慧」一詞，也成了生理及醫學界的流行用語。一九九七年耶魯醫學院的努蘭醫師(Sherwin B. Nuland)又以此為書名，寫了一本歌頌人體奧妙的書，中譯書名為《生命的臉》(*The Wisdom of the Body*)。

但是壓力也會讓人生病的觀念，則來自壓力生理學的祖師爺——加拿大蒙特婁大學的塞爾耶——

於一九三〇年代的意外發現。剛開始，塞爾耶為了想瞭解隔壁實驗室同事所分離出來的某種卵巢萃取物對身體有什麼作用，給一批老鼠每天注射一針，連續幾個月。由於他操作動物的技術不怎麼高明，每次要打個針，就得與老鼠玩場追逐大戰，以至於他的實驗鼠及注射生理鹽水的對照鼠，都出現腎上腺肥大、胃潰瘍及免疫組織萎縮這三項毛病（後稱之為壓力三部曲 (triad of stress)）。

塞爾耶後續的實驗顯示，不論實驗鼠遭受什麼樣的肉體壓力（過冷、過熱、噪音、禁錮不動、強迫運動、注射化學藥物或毒素等），身體都有相同的壓力反應，因此塞爾耶稱之為「通適症候群」(general adaptation syndrome)。塞爾耶一生除了發表上千篇的科學論文及許多專書外，他也為一般大眾撰寫了好幾本科普讀物，像《適應症候群的故事》(*The Story of the Adaptation Syndrome: Told in the Form of Informal, Illustrated Lectures*)、《生活的壓力》(*The Stress of Life*)、《有壓力、無負擔》(*Stress Without Distress*)，以推廣壓力致病的觀念；此外他還有一本自傳：《我一生的壓力》(*The Stress of My Life*)，在當年都是暢銷書。

早期塞爾耶所研究的壓力源，都是前述針對肉體感官的刺激。藉由測定生理變數的變化，塞爾耶發現壓力強度大小和壓力反應程度之間，有相當良好的線性關係。因此他把工程界的控制理論用在壓力生理學上，以流程圖來表示：左面（或上方）的格子是輸入，右面（或下方）的是輸出。你只要告訴我壓力有多大（生理變數被推離正常值的幅度），我就可以告訴你，壓力反應會有多強（心跳、血壓、激素分泌等），簡單明瞭。

但不久後，就有人以實驗證明事情沒那麼簡單。當實驗動物肉體受到壓力時（輕微電擊），如果身旁有所慰藉（親人或同伴）或發洩管道（啃咬物件）的話，壓力反應會小得多，甚至不出現；對壓力有所預期（給予預警），或是有所控制（壓下槓桿可避免電擊）的話，則效果更佳。反之，就算肉體毫無壓力，但身處某些無法控制的情況（陌生環境，不確定什麼時候會有電擊），一樣會產生壓力反應。如果原先對壓力有所控制或預期，或是受壓力後有慰藉及發洩管道，一旦將這些移走，則身體的壓力反應會更大。

類似這樣的心理壓力，現代人絕不陌生，像排隊、塞車、準備考試、等待放榜、股票下跌、失業危機等，都是生活中我們難以控制的心理壓力源。但人還有更複雜的一面，人的心理壓力還來自於人際關係，小從不瞭解、看不順眼、故意找碴，大至刻意排擠、壓迫、孤立等。人類社會裡，不論是團體還是個人，多的是見不得別人好，非要讓別人難過的人，這些都構成了人類（還包括一些靈長動物）特殊的壓力源。

如果照坎能的說法，壓力反應也是適應下的產物，我們的身體自有維持恆定的智慧，那麼壓力為什麼會讓我們生病呢？如果壓力在人類社會無所不在，我們又可能有什麼樣的因應之道呢？關於這些問題，史丹佛大學 (Stanford University) 生物系教授薩波斯基 (Robert M. Sapolsky) 寫了本書：《為什麼斑馬不會得胃潰瘍？》，其中有相當詳盡的闡釋，可說是壓力生理學的最佳通俗演義。

在短期的壓力下，身體為了應急，犧牲體內一些較不急迫、屬於長期的計畫（好比消化、生長、生殖等）倒也無可厚非；但在壓力持續不消的情況下，身體難免出問題。好比一味抓東牆，補西牆，時間一久，不但西牆沒補好，東牆也要倒塌。

長期處於壓力下的身體，究竟會出現什麼毛病呢？那可是有一籮筐。《為什麼斑馬不會得胃潰瘍？》一書超過一半以上的章節都在談這些問題。像你的心血管（心臟病、高血壓、中風）、能量代謝（糖尿病）、消化道（胃潰瘍、結腸炎、便祕）、生長（侏儒症）、生殖（不孕、性無能）、免疫（各式傳染病、癌症）、神經（神經死亡、學習記憶困難、老年痴呆）、精神（抑鬱、躁狂、精神分裂），及老化（集上述之大成）等，都可能出問題。

造成長期壓力毛病的罪魁禍首，是腎上腺皮質分泌的腎皮質素（與髓質分泌的腎上腺素不同），也就是俗稱「美國仙丹」的固醇類激素。腎皮質素 (cortisol) 是用途相當廣泛的激素，許多皮膚軟膏裡都有它，也用在抗發炎及自體免疫疾病的治療上。腎皮質素短期的作用有升血糖、促進食慾、增強學習與記憶等「好處」；但濃度長期升高，就會出現蛋白質消減（用來產生葡萄糖）、神經細胞受損、免疫系統受壓抑等問題。眾所周知，免疫系統是身體重要的防衛系統，一旦受到壓抑，小自常感冒生病、大至罹患癌症，都是可能的後果。

《為什麼斑馬不會得胃潰瘍？》的作者薩波斯基近二十年來每到暑期，就前往東非觀察野生狒狒的行為，並測定血中腎皮質素濃度，作為壓力指標，從中得出許多有趣又重要的發現。他發現處於低階的狒狒是相當不愉快的，也遭受較大的壓力；因為牠們的食物、地盤及伴侶等，常被高階的狒狒一把給奪走，更別提經常成為出氣筒，挨上一頓揍。

在這一點上，人類社會的階級要複雜得多，人類取得個人滿足的管道，也不只世俗的一種標準。只要世道不算太差，各行各業的人都可以各有一片天；就算工作上的成就不大，也可能在家庭、嗜好，或社區活動中得到寄託。但人類社會階級裡確有一種特殊且重要的壓力源，稱為「社經地位」(socioeconomic status, SES)，講得白一些，就是「窮人多壓力」。這一點無需多加解釋：一文錢可以逼死英雄漢。貧富差距過大的社會，絕對問題重重。窮人多病，壓力是重要的因素，就算有全民健保，也只能治標而已。

薩波斯基還發現狒狒的個性會影響壓力反應。有的狒狒把什麼事情都看成鬥爭，與其他狒狒的交往，都帶著不信任的戒心，牠幾乎沒有朋友，比牠低階的狒狒看到牠都退避三舍，因為牠習慣將所有的不滿發洩在牠們身上，甚至連對伴侶及親生子女的態度也一樣。這種狒狒唯一在意的是：我是不是No. 1。牠們的體內的壓力指標通常很高，並早早出現心臟病、高血壓、免疫失調等毛病。這種狒狒就算沒有英年早逝，老來也備受當年牠欺負過的當權新貴修理。有些受不了的老狒狒，甚至離開生活大半輩子的族群，長途跋涉加入另一族群，在陌生團體中孤苦伶仃度過晚年。

另外一類同樣也力爭上游的狒狒，個性就圓融得多，多以合作代替競爭，不隨便遷怒，也喜歡與異性伴侶及小孩廝混。這種狒狒常安於本位，並不想坐上No. 1的位置，讓人感到奇怪的是，這種狒狒的壓力指數較低，在原族群安享天年的機會也大得多。

個性在人類的壓力反應上，同樣扮演重要角色。像出名的A型性格，就是指競爭心非常強烈、不斷追求成功、永遠覺得時間不夠、沒有耐心，以及具有敵意的人，這種人患心臟病的比例也特別高。只不過人到底和狒狒不同，經由自覺與學習，某些先天個性的缺點，是可能稍作改變的。

現代人主要的壓力源，來自對未來的不確定，以及對生活、對命運缺乏掌握的自覺。對自身反應的不瞭解，甚或錯誤的認知，也是壓力之源。人除了以消極的方式，從宗教信仰中求得安心外，取得正確的知識，才是積極的態度；如此一來不單可免除許多不必要的壓力，還能主動管理壓力。從這個角度來看，《為什麼斑馬不會得胃潰瘍？》一書是值得推薦的。

2002
07/31,
08/01

PCR的故事

末代沙皇尼古拉二世 (Nicholas II)、一九一八年流行性感冒 (influenza) 病毒、《侏儸紀公園》(*Jurassic Park*) 以及辛普森 (O. J. Simpson) 殺妻案，這四件事情到底有什麼相關？答案是沒有。只不過近十幾年來生物技術的一項新發明，把它們給連在一塊了，這項新技術是「聚合酶連鎖反應」(polymerase chain reaction)，簡稱 PCR。

PCR 的最大特點，是將微量細胞組織裡的 DNA 大幅增加的能力。因此，無論是化石中的古生物、歷史人物的遺骸，還是幾十年前兇殺案兇手遺留的毛髮、皮膚或血液，只要能分離出一丁點的 DNA，就能用 PCR 加以放大、進行比對，這也是「微量證據」的威力之所繫。

PCR 的原理及做法其實不難，它利用了 DNA 雙螺旋的複製原理，將一條已知片段的 DNA 序列不斷加以複製，使其數量以指數方式增加，就可以用來做定性的分析及各式各樣的應用。DNA 的雙螺旋結構於一九五三年發現，自此確立了它就是細胞裡攜帶遺傳訊息的分子；第一個細胞內用來複製 DNA 所需的聚合酶（就是 PCR 的 P 字）也早在一九五六年分離。幾十年來，在試管內複製 DNA 已是許多生物實驗室的例行工作，但就是沒有人想到以上述方法大量複製 DNA 作為應用之需，就算想到也不認為可行，一直到一九八三年。

DNA 在複製時，其中兩條以氫鍵結合的互補鏈必須先行分開，才能各自作為複製的模板；而打開雙螺旋最簡單的方法就是加熱。在高溫下，雙股的 DNA 會分離成單股，等溫度降低後，互補的兩條 DNA 聚合鏈又可以恢復成雙股。雖然 DNA 分子能耐高溫，但進行 DNA 複製所需的聚合酶是蛋白質，在高溫下就失去了活性。這也是之前的研究人員不認為這種方法可行的原因之一。再來，要在千萬條 DNA 當中，以一小段已知序列製成的引子 (primer)，「釣」出所需的片段進行複製，也跟大海撈針差不多，這是另一個讓人卻步的理由。

PCR 這個方法的發明人，一般公認是穆里斯 (Kary B. Mullis)，他也因此發明獲得了一九九三年的諾貝爾化學獎。穆里斯在好些寫作中，都提到 PCR 這個構想的起源，包括一九九〇年在《科學人》的一篇文章，及一九九八年的自傳《在心田裡裸舞》(*Dancing Naked in the Mind Field*)，國內的譯名是《迷幻藥，外星人，還有一個化學家》。然而 PCR 從構想到實現，真的是穆里斯一人的功勞嗎？PCR 究竟是在什麼樣的環境下誕生的呢？這就得看人類學家拉比諾 (Paul Rabinow) 所寫的《建立 PCR：生物科技的故事》(*Making PCR: A Story of Biotechnology*) 一書了。

穆里斯的出身是個生化學家，一九七二年在加州大學柏克萊分校取得博士學位，專長在有機合成。早年他就表現出桀驁不馴的性格，在那嬉皮的年代，吸食自製的迷幻藥 (lysergic acid diethylamide,

LSD）不算太稀奇，穆里斯也樂於此道。更讓人難以想像的，是他在經驗迷幻藥之旅的過程中，居然想出某個解釋大霹靂的宇宙學理論，寫了出來投稿到《自然》（*Nature*），甚至還登了出來，也因此通過了博士資格考——因為有文章發表在《自然》的教授已然不多，學生更是少見。至於他的博士論文也以「帶點幽默的口語化寫成」（穆里斯自己的說法），要不是寬容的指導老師幫他講話，只怕要被口試委員當掉重寫。

穆里斯另一個毫不掩飾的愛好則是女人，那也給他的生涯帶來許多轉折。博士學位到手後，他隨著新婚妻子（第二任）來到堪薩斯州，因為太座進了該州的醫學院就讀，他也在那兒的心臟科找到一份與他的學位並不相稱的工作。不久後他就感到厭惡，因為實驗當中需要宰殺許多老鼠。一九七五年，他與妻子仳離，又與未來的第三任妻子回到加州灣區，在一家糕餅店（第一任妻子所有）當了近兩年的經理，一九七七年，才又回到舊金山加大醫學院的藥物化學實驗室擔任化學師，走的仍然不是學術的正途（所謂有正式升遷管道，獨當一面的路線），同樣也在不久以後，對新工作感到厭煩。

一九七九年，穆里斯進了灣區一家名叫「西特斯」（Cetus，鯨魚座）的私人生技公司任職。當年，生技公司還在萌芽的階段，很少學術界人士願意離開象牙塔的庇蔭，到私人企業工作，就算去的是有規模的大藥廠，也得不到多數同行的認可與祝福，而會被認為是學術生涯的終點。然而，西特斯卻是一個極為特殊的所在，因為這家公司集結了一批有能力、有夢想的科學家，在自由開放的風氣下，共同朝既定的目標前進，那和一般學院裡各大教授及實驗室的主持人關起門來各行其是的做法，相當不同。西特斯聘用穆里斯，是想借重他在有機化學合成的專長，負責合成所謂的「寡核苷酸」（也就是短鏈的DNA分子），以供其他人的實驗所需。

自一九七〇年代起，由於科學家發現了選擇性切割及接合DNA分子的限制酶，可將DNA分子加以重組，因此造成了「基因工程」這門學問的開展，也才出現生物科技這個產業。於是，西特斯公司從一九七〇年代以製造維生素及抗生素（antibiotic）為主的公司轉型，進入一九八〇年代以基因產品為主的研發，無論是各種荷爾蒙（生長激素、胰島素）、凝血因子，以及免疫系統的細胞素（干擾素、介白素）等，都是西特斯的研發對象。一九八一年，西特斯正式成為上市公司，籌措到大筆資金。

穆里斯就是在這股氛圍下進入西特斯的。其實他做的工作不算什麼研究，只是設法改進寡核苷酸合成的效率而已。穆里斯花了很多時間在玩弄當時剛流行的個人電腦（還不是IBM的），經常提出古怪的想法，但其中大部分都是錯的。他爭強好鬥、不接受批評的個性到處結怨，在工作單位與異性的關係，更惹出許多麻煩，甚至要勞動主管出面解決。一九八一年，他升任寡核苷酸合成部門的主管。為了增加產量、節省時間，他省略了品管的步驟，引起使用單位的不滿，聲稱品質不佳的寡核苷酸使得他們的研究出現問題；穆里斯則反擊說是使用單位本身的能力不足所致。

PCR的點子，也就是在這樣的情況下誕生的。根據穆里斯自己的說法，那是在一九八三年春天的一個週五晚上，他開車帶著女友前往鄉間的小屋度週末。在蜿蜒的鄉間公路上開著車，一段DNA不斷反覆複製的景象，在他的腦海裡冒了出來。穆里斯原以為這樣簡單的想法，應該有人提出過，但搜索文獻後卻發現沒有。在得出這個「頓悟」之後的三到五個月間，穆里斯並沒有任何行動，原因如今也不清楚。該年八月，穆里斯首次在公司裡正式提出有關PCR原理的報告，得到冷淡的反應。一來，大家已經習慣了他的胡思亂想；再者，多數人的想法是：這個原理太簡單了，如果可行的話，一定早有人做過，否則裡頭一定有它不可行之處。但是也沒有人能明確說得出來，為什麼不可行。

於是，穆里斯得著手證明這個構想可行。從一九八三年九月起，穆里斯陸續進行了一些實驗，換過幾個DNA模版，也嘗試不同的加熱、降溫週期，結果都不夠肯定，頂多只在電泳凝膠上形成一條若有似無的線條，未能說服旁人PCR發揮了增幅的功效。一九八四年六月，穆里斯在公司又因男女關係惹出事端，引起眾怒，瀕臨被開除的命運。結果是引薦他進入公司的上司為他說情，只免除了他的主管職務，並予以轉組，同時限定他在一年內把PCR建立起來，每半年必須繳交進度報告。

任何研究方法從概念到實際應用之間，所需投入的精力與時間，大都為一般人給低估。由於穆里斯本身沒有分子生物學的訓練，因此公司派了技術員協助，前後一共有三位：這些人在PCR的發展上，發揮了重要的作用。一九八四年十一月，穆里斯的技術員首次取得可信的結果，證明了PCR可行。於是在一九八五年初，公司決定讓實驗技術精湛的日裔技術員齋木(Randall Saiki)加入工作。果然，這是一項正確的決定。在自動化的機器還沒有出現之前，PCR是個勞力密集的實驗方法，需要長時間的反覆操作，手腳不俐落的人是做不來的；齋木的結果則是乾淨漂亮，讓人無從置疑。

到了一九八五年春天，西特斯的高級主管已經對PCR的潛力信服，也開始擔心消息外洩（穆里斯自己是個大嘴巴），而讓旁人取得先機。三月裡，他們送出了第一個專利申請，也準備在十月舉行的遺傳學會年會上報告成果，但在此之前必須將正式的論文寫好投送才保險。他們決定寫兩篇文章，一篇是關於PCR的理論，由穆里斯執筆，先行發表；第二篇則集中在PCR的應用，以齋木的實驗結果為主，隨後推出。結果整個夏天，穆里斯都在玩電腦，一再拖延論文的寫作，到了九月下旬另一篇應用的文章寫好投送時，穆里斯還沒有動靜。因此第一篇提到PCR這個方法的論文，於一九八五年十二月二十日發表在《科學》，共有七位作者，齋木排頭名，穆里斯則排第四。

到了該年十二月，穆里斯才將論文寫好，並投給《自然》，但穆里斯忘了附上一封給編輯的信，當然也就沒有說明該文與《科學》的那篇有何不同，結果遭到退稿。震驚之餘，他再轉投《科學》，並由西特斯的主管幫著寫了封信給編輯，結果仍然遭到退稿的命運。這時，穆里斯把怒氣轉向公司，認為那是公司的陰謀，想要竊取他發明PCR的功勞。

科學發明的優先權及功勞之爭，科學史上可是不絕於書，也常是公婆都有些道理，不細察背景與經過，只憑後人記載的一句話，是很難瞭解真相的。至於PCR的概念是穆里斯的結晶，沒有什麼人有異議，只不過將概念實現的過程，就複雜得多了。

在穆里斯的文章兩度遭到退稿後，公司裡有人建議投給《酵素學方法》(*Methods in Enzymology*)這份以專書形式出版的期刊。主要是因為有人與該刊主編吳瑞（Ray Wu，中研院院士）相熟，較好溝通，同時PCR的性質也適合該份強調方法學的專刊。因此，穆里斯的文章終於得到發表，只不過整整晚了一年，直到一九八七年初才問世。這篇文章就只有穆里斯及另一位技術員兩人掛名。

為了表示他們並無意爭功，西特斯的主管向冷泉港實驗室的華生（DNA 雙螺旋的共同發現人）推薦穆里斯在一九八六年五月舉行的「人類分子生物學」專題研討會中，報告 PCR 的原理及實際應用結果。這是穆里斯生平第一次「受邀演講」，分子生物學界有頭有臉的人物也都在場。結果他表現不錯，建立了往後人們的印象：PCR 是穆里斯一手發明的。冷泉港專題研討會的專刊於一九八六年底出版，還在《酵素學方法》的文章之前，該篇文章也是由穆里斯掛頭名。

自此，PCR 之名及其強大的應用性，就廣為人知了。然而，將 PCR 變成真正成熟技術的臨門一腳，是耐高溫 DNA 聚合酶 Taq 的引進。

先前提到，PCR 的操作過程中需要不斷反覆加熱與降溫的步驟，而先前使用的大腸桿菌 DNA 聚合酶在高溫下就變性了，因此在每一次的冷熱循環之後，都要加入新鮮的 DNA 聚合酶。這個做法不但繁瑣，並且昂貴，按當時的價格，一次循環所需的聚合酶是美金一元，三十個循環下來，就是三十美元，循環更多次就更不得了。因此，一九八六年春，穆里斯首度提出使用耐高溫酵素的想法。經過文獻搜尋，果然找到了兩篇有關的文獻，較早的一篇是在美國做的，另一篇則是俄國科學家的成果，以俄文發表。

第一篇報導分離耐高溫 DNA 聚合酶的工作，是一位來自臺灣的年輕科學家初試啼聲之作。一九七三年，從輔大生物系畢業的錢嘉韻隨著當年的留學熱潮，來到美國俄亥俄州的辛辛那提大學

(University of Cincinnati) 生物系就讀。她的指導老師崔拉 (John Trela) 對一種從黃石公園的熱湧泉裡發現的嗜熱性菌 (*Thermus aquaticus*) 感到好奇，就讓錢及另一位美國學生以該細菌作為論文研究的主題。

在系上另一位老師的指導下，錢學習了從細胞中分離蛋白質的種種步驟，也成功分離出該細菌能耐高溫的 DNA 聚合酶，簡稱 Taq。一九七五年完成碩士學位後，錢轉往愛荷華州立大學 (Iowa State University) 取得神經生物學博士學位，一九八二年回到陽明醫學院神經科學研究所任教至今，已滿二十年。她的那篇歷史性作品，發表於一九七六年的《細菌學雜誌》(*Journal of Bacteriology*)，她是第一作者，只不過用了英文名字 Alice，再加上她後來掛了夫姓 (Chang)，以至於沒有太多人知道，該篇廣為引用文章的作者 A. Chien 就是錢嘉韻。

穆里斯雖然提出將 Taq 應用到 PCR 的建議，但當時並沒有現成的 Taq 可用，他得想辦法自己分離。西特斯有全套分離蛋白質的裝備，也有人願意指導，但穆里斯是個拖延成性的人，等了幾個月後，公司其他人只有自己動手，按著先前錢等人發表的步驟，只花三個星期就分離出純化的 Taq。一九八六年六月，齋木首度將 Taq 應用在 PCR，效果就好得驚人，可說是一戰成功。Taq 不但大幅簡化了 PCR 的工作，同時專一性及活性都比之前使用的酵素更強，背景雜訊也幾乎都消除了。自此，PCR 可說是取得了完全的成功。

穆里斯與西特斯的關係在 Taq 成功後更形惡化，他完全不認為自己在發表的過程中有任何疏失，並要求未來五年內有關 PCR 的發表，都由他掛頭名。同時，他還在公開場合批評公司其他人士。終於，穆里斯於一九八六年九月離開了西特斯，西特斯給了他五個月的薪水及一萬美元的獎金，但按產業慣例，PCR 的專利權屬於西特斯公司。

離開西特斯後，穆里斯擔任過一些生技公司的顧問，但就沒有再發表過一篇正式的論文。以他的說法，PCR 就是他一人發明的，得了諾貝爾獎的肯定後，更聽不到太多其他的聲音。一九九一年十二月，霍夫曼羅氏藥廠 (F. Hoffman-La Roche AG) 據稱以三億美元購得了西特斯的 PCR 技術專利，西特斯公司也走進了歷史。最近幾年，Taq 的專利權遭到挑戰（由於之前錢嘉韻等人已經發表的工作），連帶 PCR 的專利也受到影響，不過那又是另外一個故事了。

2002
01/23,
02/13,
03/06

小兒麻痺症——沙克與沙賓疫苗

日前根據報載，去年一年腸病毒在臺肆虐，奪走了四十七名患者的生命，其中多為三歲以下小兒。至於存活下來的幼童，也有出現癱瘓、吞嚥困難等嚴重後遺症。這樣的報導，不禁讓人想起四、五十年前小兒麻痺症 (poliomyelitis) 的全球大流行。

對新新人類來說，小兒麻痺只不過是小時候接種的預防疫苗 (vaccine) 之一，只有年過四十的人才會對這個疾病的嚴重性有所記憶。他們之中有好些人還帶著患過小兒麻痺症的痕跡，一輩子也不會消除。這些後遺症狀雖然不至於危及生命，卻帶給患者一輩子的不便及心頭的遺憾。

幾年前，美國作家凱薩琳．布萊克 (Kathryn Black) 以她自己的尋根故事為經，小兒麻痺症的歷史為緯，寫了《活在小兒麻痺的陰影》(*In the Shadow of Polio*) 一書。布萊克的母親於一九五四年染上小兒麻痺症，從頸部以下癱瘓，靠著鐵肺撐了將近兩年，終告不治。之後整個家族將這樁痛苦的回憶埋藏心底，絕口不提，直到三十多年後，布萊克才從親友口中，拼湊出自己幼時的記憶，讀來令人唏噓。

小兒麻痺症最知名的患者之一，要屬美國的第三十二任總統小羅斯福 (Franklin D. Roosevelt，一九三三－一九四五在職）。他在三十九歲那年得病，十來年後才當選總統。在他的大力推動之下，小兒麻痺患者的復健照顧以及後來的疫苗發展，都有長足發展。

小兒麻痺症的歷史淵遠流長，十九世紀中世界各地就都有零星報導；進入二十世紀後，規模逐漸擴大。一九一六年，單是紐約市一地，就有九千名的病例，造成兩千三百多人死亡。之後爆發多次大流行，到了一九五二年，一年之中全美共有五萬八千人罹病，其中有三千人死亡，兩萬一千人留下後遺症，造成的恐慌之大，非現代人所能想像。雖然當時已知這是種病毒傳染疾病，但傳染的方式並不清楚，一度以為是蒼蠅傳染，但全面撲殺未見成效，隔離及檢疫措施亦然。因此在爆發流行時，引起整個社會恐慌，學校、游泳池、遊樂場等公共設施關閉不說，鄰居間相互指責、有些醫院拒收病人、住郊區的怪罪住城裡的、有錢人怪罪窮人、本地人則怪罪移民，不一而足。

細究起來，小兒麻痺症在二十世紀上半葉出現流行，並不是因為公共衛生做得不好，反而是因為環境衛生改善了。小孩從小缺少接觸類似非麻痺型病毒的機會，體內反而少了抵抗力，因此與生活在髒亂簡陋貧民區的小孩相比，生活在清潔高級住宅區的小孩，罹患小兒麻痺症的危險性更高。只不過這樣的事實，卻不為當時的公衛官員或醫生所接受。

自一八八〇年代巴斯德（Louis Pasteur）成功發展出第一代的狂犬病疫苗以來，利用疫苗接種，已是當時公認對抗各種可怕傳染病的希望，小兒麻痺症自不例外，只不過小兒麻痺疫苗的發展之路，要崎嶇坎坷得多。一九三五年，有兩批科學家發展出第一代的小兒麻痺疫苗，在進行了小規模的人體試驗後，就給大批小孩接種，結果反而造成許多人發病，甚至死亡，遭到重大的挫敗。這段疫苗發展史在《誰先來?》(*Who Goes First?: The Story of Self-Experimentation in Medicine*) 一書有所介紹。此外，導致小兒麻痺疫苗發展困難的因素中還有重要的一項：病毒的來源有限。

小兒麻痺症的正式名稱是「麻痺型脊髓灰質炎」，因為病毒侵襲的主要位置，是位於脊髓腹側灰質區的運動神經元。那是由於運動神經元上帶有特殊的蛋白，正好作為病毒進入的管道，與愛滋病毒侵犯特定的免疫細胞是類似的情形。當運動神經元遭到傷害而死亡，其控制的肌肉便無法隨意收縮放鬆，因此造成麻痺。雖然患者並不限於幼兒，但以小孩居多，故得此名。由於小孩的肌肉骨骼並未成長完全，沒有受到神經支配的肌肉不再生長而萎縮，連帶造成骨骼畸形。

早先的科學家相信，小兒麻痺病毒只能在靈長類的神經組織中存活，所以都是利用猴子的脊髓組織來培養病毒，不但來源受限，且所費不貲。直到一九四八年，哈佛大學的病毒學家恩德斯 (John F. Enders)、韋勒 (Thomas H. Weller) 及羅賓斯 (Frederick C. Robbins) 等人發現，該病毒也可以在靈長類的非神經組織培養，才解決了疫苗量產的問題。恩德斯等三位因此貢獻，獲頒一九五四年的諾貝爾生理醫學獎。那是小兒麻痺研究唯一的一次獲獎，反倒是以發展疫苗出名的沙克 (Jonas Salk) 及沙賓 (Albert Sabin) 兩位，並沒有得到諾貝爾獎的肯定，其中緣由與他倆相互敵視與攻訐，不無關係。

小兒麻痺疫苗有注射及口服兩種，都以發明人為名，前者稱為沙克疫苗；後者則是沙賓疫苗。這在疫苗發展史上是少見的情形，像天花疫苗、狂犬病疫苗等都沒有用上簡納及巴斯德的名字；究其原因，乃是大眾媒體的推波助瀾，而非由發明人或學界所主導。

疫苗的原理是讓身體先行接觸減弱或被殺死的病原菌（pathogen），讓身體產生抗體，之後便可以對付真正病原菌的入侵。使用減弱的病原菌是讓身體產生輕微的感染反應（也就是小病一場），而使身體產生抵抗力。這種方法雖然有效，但有潛在的危險，碰到特別敏感的個體，或疫苗品管出了問題，接種者仍有可能產生致命的感染。利用殺死的病原菌就安全得多，但產生抗體的能力可能較差，需要多次追加注射。沙賓與沙克兩人所發展的疫苗，就分別是這兩種方法的代表。

沙賓與沙克兩人都是東歐的猶太移民後裔，紐約大學醫學院（New York University Medical School）的前、後期畢業生，沙賓較沙克年長個八歲，他倆都在生涯早期就對發展小兒麻痺症的疫苗感興趣，但其相似點也就到此為止。沙賓在學術上成就及地位勝過沙克許多，曾發展出登革熱及日本腦炎的疫苗。他倆不只因為使用的方法不同而相互競爭，到後來還彼此敵視，口出惡言，是醫學史上另一樁出名的競爭案例。

發展小兒麻痺疫苗的瓶頸，除了病毒的來源一度受到限制外，另一個就是小兒麻痺病毒的變種高達一百九十五種之多，有效的疫苗必須要能對付所有的致病品種才行。所幸到了一九五〇年，病毒學家已將致病的小兒麻痺病毒分成三種類型，因此任何實際應用的疫苗只要包含這三種類型的病毒就行，沙克與沙賓也都朝這個方向努力。由於殺死病毒要比不斷轉殖使其減弱來得容易，因此沙克的進展較快。

小兒麻痺疫苗的問世，除了實驗室的突破外，還得靠外來的助力。由於小羅斯福總統自己是小兒麻痺患者，再加上小兒麻痺症持續流行、肆虐，因此他於一九三八年成立了「小兒麻痺國家基金會」(National Foundation for Infantile Paralysis)，並展開所謂「為幾毛錢而走」(March of Dimes) 的全國性募款運動，結果得到空前的成功，全美學童都寄出他們的零錢，使得白宮每日收到的信件從平常的五千封增加到十五萬封之多。第一批一百八十萬美元的捐款裡，有二十六萬八千元都是由一毛一毛錢累積出來的。沙克與沙賓的疫苗研究，也同時都得到該基金會的資助。

國家基金會的負責人歐康納 (Basil O'Connor) 是小羅斯福總統的好友，在此扮演了重要的推手。他本身是律師，並非醫生或科學家，他只想儘快提供美國大眾解決小兒麻痺症的方法。一九五一年，他和沙克都參加了在哥本哈根舉行的國際小兒麻痺會議，並搭同一艘客輪從歐洲返美。在船上的幾天相處之下，歐康納與沙克相熟起來，對這位年輕科學家的工作及理念也產生認同。因此當一九五三年初，沙克提出初步的臨床試驗結果，顯示其發展的疫苗能有效增加接種者體內的抗體、且無顯著副作用時，歐康納便認為國家基金會成立十五年之後，終於有了可用的疫苗，可向殷切期待的社會大眾有所交代。

雖然在沙賓等學術界人士的大力反對，以及疫苗生產過程中出現瑕疵等重重問題之下，沙克疫苗的大規模人體試驗還是在一九五四年四月展開了。這是有史以來最大型的雙盲人體試驗，全美四十四個州裡有六十五萬個孩童接受了注射，其中二十一萬人接受的是安慰劑。另外還收集了一百一十萬八千個完全沒有接種的小孩的健康資料，作為不同的對照組。所有加密的資料都送到密西根大學的公共衛生學院做最後的分析，而於一九五五年四月十二日由該院院長法蘭西斯 (Thomas Francis)，也是沙克之前的老闆，在密大的雷克漢講堂做了一小時四十分鐘的報告。臺下除了五百位學界人士外，還有超過一百五十位記者。那天正好是小羅斯福總統去世的十週年紀念日。

結果這項花費超過七百五十萬美元的計畫得到空前成功，該疫苗對第一型病毒的有效性在 60–70% 之間，對第二及第三型則都超過 90%。沙克一下子成了全球的英雄，受到許多人衷心的感謝，但他卻被學術界批評為追求個人的榮耀，不要說沒有得到諾貝爾獎，就連美國國家科學院院士也沒有當上。一般的說辭是：沙克做的只是技術性的應用工作，並沒有真正的發現。這麼說當然沒錯，但也不甚公平。要是按當時多數「小心謹慎」的病毒學家的想法，沙克的疫苗必須要再做十年的研究，才有可能應用。真是那樣的話，小兒麻痺症的受害人不知還要增加幾十萬人。

沙克疫苗臨床試驗的結果發布後幾個小時，該疫苗就由美國衛生、教育及福利部部長簽署了授權書，批准正式使用。當天晚上，一箱箱標明「緊急」字樣的小兒麻痺疫苗由倉庫送往機場及貨運站，分送到全美各地。國家基金會的目標是在該年七月前，讓全美五百萬名孩童接受注射。歐洲許多國家也從美國進口沙克疫苗應用，少數則自行發展。

沙克疫苗的這段發展經過，在史密斯 (Jane S. Smith) 所著《給太陽申請專利》(*Patenting the Sun: Polio and the Salk Vaccine*) 一書中有詳細介紹。該書書名係出自沙克之口，有人問沙克，為什麼不為疫苗申請專利，他的回答是：「你能夠為太陽申請專利嗎？」一般人聽到這句話，不免對沙克的胸懷肅然起敬，但實情是：沙克的疫苗沒有什麼專利好申請。因為包括病毒的來源、培養，以及疫苗本身的製作方法等，都已經是公共財產，沙克的貢獻只是在疫苗的量產以及確定其安全性罷了。

雖然沙克疫苗獲得空前成功，但沙賓仍相信唯有減弱型的活病毒才能提供持久的免疫性，因此繼續發展活病毒疫苗。第一批沙賓疫苗於一九五六年進行初步人體試驗，也獲得成功。由於美國本土的孩童多已接種了沙克疫苗，因此沙賓疫苗的大規模臨床試驗是在非洲及蘇聯進行的。據稱到一九六〇年七月前，超過一千五百萬名蘇俄人服用了沙賓疫苗。

與沙克疫苗相比，沙賓疫苗有好幾項優點。由於其中包含活病毒，因此可以利用小兒麻痺病毒的自然感染途徑口服進入胃腸道，不但方便，且引起的免疫反應也較強。此外，從糞便排出的病毒還可能經由下水道傳播給沒有接受疫苗接種的人。一九六〇年八月，美國衛生署長建議批准沙賓疫苗的使用。到了一九六八年，口服的沙賓疫苗已完全取代了沙克疫苗在美國的使用。至此，沙賓似乎取得了遲來的勝利。

在小兒麻痺症肆虐的一九五〇至六〇年代，從一年數以萬計的發病率降至幾百件，可謂防疫的重大勝利，因此沙賓疫苗的潛在危險也得到容忍。但在小兒麻痺症即將絕跡的一九九〇年代，只要有個位數的小孩發病，而且還與疫苗有關的話，就成了大事。不幸的是，含有減弱型活病毒的口服沙賓疫苗就免不了這個問題。一九六九到八三年間，美國有二百一十個小兒麻痺症的病例，其中九十九個就可能是由疫苗造成的。結果美國在全面使用沙賓疫苗近三十五年之後，從二〇〇〇年起，新生兒接種又恢復使用改良型的沙克疫苗（或是先行接種沙克疫苗，有抵抗力之後，再服用沙賓疫苗）。不過沙克已於一九九五年去世，未能目睹最後的勝利。

以今日的眼光來看，疫苗製造算不上什麼高科技產業，但卻是每個國家、每個新生兒不可或缺的產品。打從一開始美國就是由數家大藥廠負責沙克疫苗的製造，後來則改成製造沙賓疫苗。私人企業的好處是效率高，但也有唯利是圖的缺點，像美國藥廠後來就完全放棄了沙克疫苗的製造與改進，如今反而要從荷蘭進口新一代的沙克疫苗。

荷蘭是世界上少數一直持續使用沙克疫苗的國家，並且是在政府支助的研究機構進行製造。一九六〇年代起，他們大幅改進了培養病毒的技術，從一開始每年需要取自五千隻恆河猴的腎臟細胞做培養起，到一九七八年只需要七隻動物，目前甚至可用腎細胞株進行。製成的疫苗不但符合「良好作業規範」(Good Manufacturing Practice, GMP) 的要求，同時只需注射兩劑，就可達到完全的保護。像這種不因市場需求下降而受到影響的研究發展，只有靠公家的支持，而少有可能在目前的私人企業出現。由此想到十來年前國內研發肝炎病毒疫苗不算成功的例子，不免令人感嘆。

一九八八年，世界衛生組織 (World Health Organization, WHO) 決定在二〇〇〇年之前（目前已將目標延至二〇一三年），讓小兒麻痺如同先前的天花一樣，在世上絕跡。目前全球絕大多數地區已達成目標，只剩下阿富汗與巴基斯坦兩個國家仍未根絕（其餘個案則由疫苗造成）。然而，近年在東南亞及國內肆虐的腸病毒，則屬於非小兒麻痺型，目前並無疫苗可作預防，只有從加強個人及環境衛生著手。

雖然小兒麻痺症的陰影似已遠離，但全球現存兩千萬左右的小兒麻痺後遺症患者中，卻有25–40%的人出現所謂的「後小兒麻痺症候群」(post-polio syndrome)，症狀有疲倦、肌肉逐漸變弱、肌肉與關節疼痛及肌肉萎縮等，好似小兒麻痺症的「二度」發作，引起不少人恐慌。目前醫學界接受的解釋是：小兒麻痺後遺症患者的運動神經元數目原本就比正常人少，在過度使用幾十年後，很可能出現早衰的現象（尤其是不服輸的人）。因此治療之道不是復健運動，而是要量力而為，多使用輔助工具，以及多坐少站，不必過於逞強，刻意忽視已有的毛病。

回首這頁歷史，除了沙克與沙賓兩人長達四十餘年的爭議，讓人掩卷嘆息外，小兒麻痺症這個疾病在醫療發展史上也占有特殊的地位，不但病毒學及免疫學因著它有長足的進展，加護病房及復健醫學也拜它所賜而得以建立。此外，「小兒麻痺國家基金會」更是後來所有以疾病為導向的基金會始祖。

從目前人類仍為腸病毒所苦，以及發展愛滋病毒疫苗的一波三折來看，人與病菌亙古以來的爭戰，只怕是永無了結之日。

2001
09/12, 09/19, 09/26

胰島素的故事

距今八十年前（一九二一年）的夏天，加拿大一位年輕的外科醫生班廷 (Frederick Banting) 與一位剛出校門的助理貝斯特 (Charles Best) 在多倫多大學 (University of Toronto) 生理學教授麥克勞德 (John Macleod) 的實驗室進行研究。他倆發現胰臟的萃取液可以降低糖尿病狗的高血糖，並改善其他的糖尿病 (diabetes mellitus) 症狀。接下來的一年內，多倫多大學的團隊發展出初步純化胰臟萃取物的方法，並進行臨床試驗。他們將其中的有效物質定名為胰島素 (insulin)。

為了解決量產與雜質的問題，他們與美國的禮來藥廠 (Eli Lilly and Co.) 合作，成功地從屠宰場取得的動物胰臟中，分離出足以提供全球糖尿病患使用的胰島素。在不到兩年的時間內，胰島素已在世界各地的醫院使用，取得空前的成效。一九二三年十月，瑞典的卡洛琳斯卡研究院決定將該年的諾貝爾生理醫學獎頒給班廷及麥克勞德兩人。班廷得知消息後，馬上宣布將自己的獎金與貝斯特平分；稍晚，麥克勞德也宣布將獎金與另一位參與研究的生化學者柯利普 (James Collip) 共享。

多年來，修習生理學或內分泌學的人大概都聽過或讀過，胰島素是由班廷及貝斯特兩人所發現的。

知道多一點的人，還會說班廷之所以成功，是因為他從閱讀期刊中想到了個好點子：先將狗的胰管結紮，讓分泌消化液的外分泌腺萎縮後，再將胰臟取出進行萃取，這樣就可避免其中的活性物質（也就是胰島素）遭到消化酵素分解的命運。還有人會說，麥克勞德對於胰島素的發現，功勞及苦勞都無，他只是揀了現成的便宜。至於柯利普是何許人，有過什麼貢獻，出了內分泌學界，大概更是無人知曉。

這樁科學史上的公案，由於種種原因，被刻意隱藏超過半世紀以上。直到一九八二年，才由多倫多大學的歷史系教授布利斯（Michael Bliss）從諸多的歷史文件（包括班廷的原始實驗室筆記、諾貝爾獎委員會解密的文件等），及當年目睹者（多是七、八十歲的老人）的訪談紀錄中抽絲剝繭，寫了《胰島素的發現》（*The Discovery of Insulin*）一書，大致還原了一九二一至二三年間發生的事件真相。所謂「真實的人生更勝於小說家的創造」，在此再度得到驗證。

從班廷在一九二一年十二月舉行的美國生理學會年會上第一次正式報告初步發現算起，不到兩年的時間就得到諾貝爾獎的肯定，可說是前無古人，後無來者。更不要說得獎時，胰島素正式用在臨床試驗，只有一年多一點的時間，實在難以評估其長期效益。但今日看來絕無可能之事，的確發生了，究其主因，乃是因為糖尿病的嚴重性。

糖尿病是歷史悠久的人類疾病，問題出在身體不能利用最重要的能源葡萄糖，以致有大量的葡萄糖堆積在血液，造成血管病變及神經病變；同時過多的葡萄糖從尿液流失，帶走大量水分，造成病人又飢又渴。就算吃喝不斷，患者仍然不斷消瘦（因為蛋白質及脂肪都分解用來製造更多的葡萄糖），增加飲食只會使情況變得更糟，因此中醫稱此疾為「消渴症」。在長期「飢餓」下，身體組織開始利用酮體，大量由脂肪生成的酮體帶有酸性，因而造成患者酸中毒。

在胰島素發現以前，常用的糖尿病控制方法就是禁食。在每日不到一千大卡的熱量、不含什麼碳水化合物的飲食嚴格控制下，原本已經消瘦不堪的糖尿病患者更是骨瘦如柴，形同餓莩。這些人的體重可低至二十來公斤，成天躺在床上，連抬個頭的力氣也無。他們就算不死於酸中毒造成的昏迷，遲早也會餓死。這種坐以待斃的悲慘情狀，絕非現代人所能想像。

在一九二〇年代的產業化國家，糖尿病的盛行率在0.5–2%之間（可悲的是，這個數字在胰島素發現後有增無減），其中不乏重要人士及其家人，像是當時美國國務卿的女兒、柯達公司副總裁之子，以及後來因發現惡性貧血症療法而獲得一九三四年諾貝爾獎的哈佛醫生邁諾特(George Minot)。

胰島素究竟是誰發現的呢？傳統的認定是否有誤？我們得從班廷談起。

一九一七年，班廷從多倫多大學醫學院畢業。當時適逢第一次世界大戰爆發，最後一年班廷沒上什麼課，整年只記了五頁筆記（班廷後來承認自己所受的醫學教育並不完整），就被徵召入伍成為陸軍醫官，並上法國前線參與了坎伯拉之役（Battle of Cambrai，坦克首次在戰場上成功使用），因傷光榮退役。由於無法在大醫院找到工作，班廷被迫到距離多倫多一百八十公里遠的小城倫敦開業。

由於診所的生意甚是清淡，於是班廷在當地西安大略大學(Western University)的醫學院找到兼課的工作，他對糖尿病的知識，也就是從備課時得來。一九二〇年十月，他讀到一篇病理報告，其中描述胰管遭到結石阻塞的病人，其胰臟中分泌消化酵素的外分泌腺組織有所萎縮，但胰島細胞卻存活良好。於是班廷想到可以將狗的胰管以手術結紮，模擬結石阻塞的情況，等消化腺萎縮後，或許可以分離出胰島中未知的降血糖物質。

自一八八九年德國的敏柯斯基 (Oskar Minkowski) 發現胰臟和糖尿病的關聯之後，就不斷有人嘗試分離胰臟的神祕內分泌物質，也陸續有報導指出胰臟的萃取物具有降血糖的作用，但不是效果不夠好，就是副作用大，都沒有得到同行的認可。而班廷與貝斯特在一九二一年夏天辛苦工作的結果，也沒有超越前人，如果不是麥克勞德及柯利普從旁幫忙，只怕也與先前諸人一樣，未能嚐到勝利的果實。

終其一生，班廷都認為他靈光一現的想法是導致成功之源，經由他的鼓吹及二手報導的傳播，這個說法也就流傳下來。但實情是：胰管的結紮是完全沒有必要的。因為胰臟所分泌的消化酵素在進入消化道之前都處於非活化狀態，並不會將胰島素分解；再來，在低溫下將胰臟絞碎及以酒精萃取，都可去除消化酵素的作用(這一點並非我們的事後之明，當年就有人指出)。因此，弔詭的是：班廷的成功，肇因於他對研究的無知。

麥克勞德是蘇格蘭人，在英國、德國及美國各地都有過完整的研究資歷，當時是美國生理學會的理事長，專長在碳水化合物代謝生理。麥克勞德是個稱職的研究者，熟悉醫學文獻，更擅長於整合現有的生理學知識，他也是個多產的作者。當毫無研究經驗的班廷帶著不成熟的想法前來找他幫忙時，他直覺的反應是之前已經有許多人試過且失敗了，憑什麼班廷這個無名小卒會成功呢？或許他認為班廷的想法至少之前沒有人做過，不妨一試；或許他想班廷好歹是個外科醫生，給狗動起手術來大概沒有問題；再者，麥克勞德每逢暑假都要回蘇格蘭老家休假，實驗室多個人做事，未嘗不好。於是他答應讓班廷一試，並讓貝斯特幫忙，歷史因此創造。

一九二一年五月中旬，班廷練習給第一隻狗動胰臟切除手術（以造成糖尿病），之前他可能從未動過類似手術，因此麥克勞德也在一旁協助。麥克勞德於六月中旬才離開多倫多，傳言中說他根本未參與實驗並不正確。由於技術問題，加上天氣炎熱及動物房條件不佳，動物的死亡率甚高：十九隻裡就死了十四隻（當時也還沒有抗生素可用）。存活下來的五隻胰管結紮狗裡，只有兩隻的胰臟有萎縮現象，其餘因結紮不牢而效果不彰，但他們還是進行了萃取及注射的工作，也觀察到降低血糖的結果。

以純研究的角度來看，班廷及貝斯特的成果實在粗糙得可以，他們最早發表的兩篇論文裡也有許多的錯誤。要不是麥克勞德加入許多生理指標的實驗結果，以及邀請生化學者柯利普加入研究，改進萃取及純化的方法，班廷及貝斯特的初步成果是難以取信於人的。所謂「成功有許多父親，失敗就只是孤兒」，有關胰島素的發現者，一開始就爭議不斷，就連先前許多被人遺忘的研究者，也有人聲援。終其一生，班廷都認為麥克勞德搶了他及貝斯特的成果，惡言相向。一九二八年，麥克勞德終於離開多倫多，回到家鄉亞伯丁大學任教，而於七年後因病去世，享年僅五十九歲。

由於班廷是第一位得到諾貝爾獎的加拿大人，因此獲得加拿大政府異常優渥的待遇，不但在多倫多大學享有研究教授的終身職，同時還有個以他及貝斯特為名的研究所。在科學研究上，班廷的成就有限，但他的個性與一生，卻饒富戲劇性。班廷於二次大戰中，擔任戰時醫藥研究的主席，常駐英國。一九四一年，他於返英途中因飛機失事而喪生，享年僅五十。《胰島素的發現》一書作者另外寫了本《班廷傳》(*Banting: A Biography*)，對班廷的一生有更多的著墨。

胰島素的另外兩位共同發現者，貝斯特及柯利普，雖然沒有得到諾貝爾獎的肯定，但他們後來的發展卻更形出色，也安享天年。看來「諾貝爾獎是研究者的墳墓」一說，不是沒有幾分道理。

根據一般的記載，都說當年幫忙班廷進行實驗的貝斯特是個醫學生，那並不正確。當時貝斯特剛從多倫多大學生理系取得學士學位，並獲錄取進入研究所就讀。他是在一九二二年取得碩士學位後，才進入醫學院就讀，而於一九二五年以第一名的成績畢業。

頂著「胰島素共同發現人」的頭銜，貝斯特接受了當時英國著名的生理學者戴爾（Henry Dale，一九三六年諾貝爾生理醫學獎得主）的建議，前往戴爾的實驗室接受完整的研究訓練，並取得博士學位。一九二八年，麥克勞德離開多倫多大學後，貝斯特便順理成章地接替他的位置，成為當時最年輕、最有潛力的生理學者。貝斯特也不負眾望，在胰島素的作用及抗凝血劑的發展上，有過重要貢獻。他所編著的生理學教科書《貝泰二氏醫學生理基礎》(*Best and Taylor's Physiological Basis of Medical Practice*) 還一直有新版發行，因此新一代的生理學者對其仍有耳聞。

至於最後加入工作的柯利普是加拿大亞伯達大學 (University of Alberta) 生化系的教授，當時正在多倫多大學進行為期一年的休假進修。他對於剛起步的內分泌學有極大的興趣，因此密切注意班廷及貝斯特的胰臟萃取工作。當班廷在純化胰島素上碰到瓶頸時，便邀請柯利普加入幫忙。雖然後來柯利普客氣地說，他只不過做了任何一個生化學家都會做的事，但只要曉得蛋白質化學之複雜，以及八十年前可用方法之貧瘠的人，都能瞭解其工作的困難度。柯利普後來在許多內分泌激素的分離工作上，都有過重要貢獻。他還擔任過麥吉爾大學的生化系主任，以及西安大略大學的醫學院院長，成就斐然。

胰島素的發現雖然拯救了數以百萬計糖尿病患者的生命，但那還只是治標，並非治本；缺少胰島素的患者終生都得仰賴胰島素的注射，隨時注意血糖的控制，避免出現併發症。更麻煩的是，糖尿病還不只一種，有更多所謂成年型（第二型）的糖尿病 (type II diabetes) 患者，體內並不缺少胰島素，而是由於過胖、少動及飲食過度，導致身體組織對胰島素反應下降，無法有效利用過多的能源才發病。尤其現今中年以上的國人，年輕時大都相當苗條，體內脂肪細胞數目有限（成年後數目不再增加）；而近些年吃得太好，導致每個脂肪細胞都滿載，無法吸收更多食入的能量，也就容易出現糖尿病的症狀。對這種為數更多的患者來說，補充胰島素就沒什麼大用，運動、減重、注意飲食才是良方。

胰島素發現迄今雖然已有八十年的歷史，但胰島素可算是最難瞭解的激素之一，其作用之多樣、機制之複雜，至今仍未全盤解開。當年班廷等人分離的胰島素只是粗製品，真正的純化及結構決定，要到一九五五年才由英國的桑格 (Frederick Sanger) 所完成，桑格也因此獲頒一九五八年的諾貝爾化學獎。

因胰島素研究而間接獲獎者還有一位，就是一九七七年的生理醫學獎得主雅婁❶。雅婁和同事柏森發現長期注射胰島素的糖尿病患者血中含有某種球蛋白，能與胰島素產生結合，經分析後，發現該球蛋白是針對胰島素的抗體。由於人體本身就有胰島素，對胰島素產生抗體是不可思議的事，因此他們最早（一九五五年）報導此發現的論文也遭到《臨床研究期刊》(*Journal of Clinical Investigation*) 退稿。雅婁一直保留當年的退稿信，廿二年後得了獎，她取出該信發表在《科學》上（由於信上有當年期刊主編的簽名，雅婁此舉遭到該主編後人的抗議）。雅婁的故事有兩點教訓：一、要得諾貝爾獎，得活久一點，像柏森就錯過了；二、別得罪容易記仇的女人。

上述問題出在當年給病人注射的胰島素，都來自屠宰場的動物胰臟。雖然動物的胰島素在人體也有作用，但其胺基酸組成仍有少數的差異，免疫細胞就針對這點差異，產生了特別的抗體。目前以基因工程製備的人類胰島素，已無此問題。雅婁及柏森利用這種抗原抗體的專一性反應，加上放射性元素作為追蹤劑，發展出「放射免疫測定法」，能測定血中的微量激素及任何能產生抗體的物質，徹底改變了內分泌學的面貌。

因此，歷史的幽微隱晦與反覆多變，常出乎人的想像，由胰島素的故事可見一斑。

---

❶Rosalyn Yalow，參見本書〈雅婁與柏森的故事〉一文。

2001
02/07,
02/28

避孕藥與 RU486

千禧年底，RU486終於在臺合法上市。有關避孕 (contraception) 與墮胎 (abortion) 的問題，引發的爭議一直不斷，由於事關生命，因此有道德與宗教等意識型態的加入，不像科學問題那樣黑白分明。要談RU486，不能不先回顧一下人體的生殖生理及避孕藥丸 (contraceptive pill) 的發展歷史。

現代人已難以想像我們對於女性何時排卵、何時容易受孕的知識所知甚晚，一直要到一九三〇年間，才分別由日本及奧地利的學者確定：排卵發生於兩次月經的中期，而不是在月經期。由於人類屬於隱性排卵動物，加上個別差異頗大，因此週期中幾乎每一天行房都有受孕的紀錄。因此，只有老一輩的人才會記得，沒法控制的生育對於個人、家庭及社會所帶來的痛苦與災難。

避孕藥丸的發展與問世，不到半世紀時光，卻改變了人類歷史。兩本有關避孕藥丸的書，分別稱之為《改變世界的藥丸》(*The Pill: A Biography of the Drug that Changed the World*)，及《最被世人所誤解的藥》(*The Pill: The Most Misunderstood Drug in the World*)。筆者的內分泌學啟蒙老師萬家茂也曾說過：「避孕藥丸是內分泌學者帶給人類的最大貢獻。」

曾有五、六位科學家都被冠以「避孕藥之父」的頭銜，其中最出名的是平克斯 (Gregory Pincus) 及其華裔助手張民覺，但多數人不見得知道，平克斯的這項研究是由兩位可稱為「避孕藥之母」的女士所委託贊助的。其中一位是《時代》(*Time*) 雜誌選為二十世紀最具影響力人物之一的桑格 (Margaret Sanger)，另一位則是富孀麥考米克 (Katharine McCormick)。

桑格是上世紀出名的女性運動家，她看出身為女性所受到的最大限制，乃是對於自己的身體沒有控制權。愈是貧困的家庭，愈受到子女眾多的拖累。孩子一個接一個生下來，造成小兒夭折、營養不良，及得不到良好的教育不說，也賠上了做母親的青春與健康。桑格是美國最早成立「避孕診所」(Birth Control Clinic，一九一六年，在紐約市布魯克林區) 的人，提供貧困婦女簡單的避孕知識及方法。該診所在早年屢被查封，經過多年努力，以及改名為「家庭計畫中心」(Planned Parenthood) 後，才減少許多衛道人士的敵意與攻擊。

從實際的經驗，桑格發現要從根本上解決問題，就必須要有一套簡單而有效的避孕方法，在當年那些是不存在的。於是桑格說動了麥考米克夫人，拿錢出來贊助沒有拿到哈佛大學終身教職，而成立了渥斯特實驗生物基金會 (Worcester Foundation for Experimental Biology) 的平克斯。他們三人在一九五一年有了一次歷史性的會面，講好每年由麥考米克夫人提供高達十八萬美元的經費供平克斯使用，條件是希望平克斯發明一種口服藥丸，讓婦女吃了以後就不會懷孕。

平克斯從之前生殖生理及有機化學的進展，就已得知由卵巢所分泌的兩種類固醇 (steroid) 激素：

雌性素 (estrogen) 及助孕酮 (progesterone)，對實驗動物的排卵具有決定性影響。但有兩個因素阻礙了臨床應用：一是口服的效用不彰，另一是類固醇的來源缺乏。就在那時，有位名叫馬克 (Russell Marker) 的化學家隻身前往墨西哥，找到土產的一種地薯 (wild yam)，其中含有大量的類固醇。於是馬克在當地建立了化學工廠，分離出大量的類固醇原料，供應全球各大藥廠之需，以當年墨西哥的條件，那是非常不簡單的成就。之後有另一位年輕的化學家翟若適 (Carl Djerassi) 接手在墨西哥的分離工作，翟若適並以有機合成法在類固醇的第十七個碳原子上接了乙炔基 (ethinyl)，解決了口服的問題。因此馬克及翟若適便是另外兩位「避孕藥之父」。馬克及翟若適這兩位化學家後來的發展，可是有天壤之別。馬克因與藥廠鬧翻，脫離化學界四十年後，才重新被史家發掘；翟若適則因避孕藥的專利致富，並在史丹佛大學任教數十年，著作等身，以至退休。翟若適近年並改行寫起科學小說，「聯合文學」曾出版了一系列四本：《康特的難題》(*Cantor's Dilemma*)、《布巴奇計謀》(*The Bourbaki Gambit*)、《曼那欽的種》(*Menachem's Seed*) 及《NO》。

上述兩個問題解決後，平克斯先在張民覺的協助下，以動物實驗證實了合成的雌性素及助孕酮衍生物對於排卵的確有抑制作用，然後在知名的婦產科醫師洛克 (John Rock) 的協助下，先在美國麻州做了小規模的私下測試（以調經為幌子），然後在美國本土以外地區（波多黎各及海地）進行了大規模的人體試驗，得到了空前成功（洛克便是第五位「避孕藥之父」）。第一種供婦女服用的避孕藥丸「安無妊」(Envoid)，便在一九六〇年正式由美國食品及藥物管理局 (U. S. Food and Drug Administration, FDA) 核准上市。

自發明了避孕藥丸之後，平克斯和張民覺就開始所謂「事後避孕藥」(postcoital contraceptive pill or morning after pill) 的研究發展，但這項工作在他倆有生之年並未成功。事後避孕藥的作用機轉不像前述的避孕藥以抑制排卵為主，而是想辦法阻斷受精卵著床，這種想法早在古埃及就有記載，中藥裡也不乏類似偏方。早期有給予大量雌性素或助孕酮的嘗試，但不單副作用大，成功率也不高。直到一九八二年由法國胡梭 (Roussel Uclaf) 藥廠合成一種助孕酮的類化合物（即 RU486，通用名稱是「美服錠」(mifepristone)）才有效地達到目的。領導這項研究及日後大力推廣的，是法國的博琉 (Etienne-Emile Baulieu) 教授，他因為這項成就，獲頒一九八九年美國的拉斯克醫學獎。博琉發明 RU486 的經過，可參見他寫的《RU486》一書。

助孕酮是卵巢在排卵以後形成的黃體組織所分泌的激素，顧名思義，對於促進受精卵著床及安定子宮都有作用。而 RU486 具有與助孕酮相同的能力，可與子宮細胞內的助孕酮受體結合；不同的是，它與受體結合後並不會產生後續的作用，卻阻斷了助孕酮的作用，因此造成受精卵著床的困難。

正規的療程中除了服用 RU486 外，還要加服前列腺素的製劑，以造成子宮收縮，將子宮內膜及胚胎排出。由此可知 RU486 的作用與國人習知的子宮內避孕器 (intrauterine device, IUD) 有異曲同工之意，都是阻斷受精卵正常的著床，而達到避孕的目的，嚴格來說算是早期的墮胎藥。也因此，RU486 自問世至今風波不斷，其中牽涉不單是天主教會及反墮胎人士的杯葛，還有更多政治及金錢的考量。

一九八八年十月，胡梭藥廠 (Roussel Uclaf S. A.) 及位於德國的母公司赫司特藥廠 (Hoechst AG) 在抗議的壓力下，宣布要放棄 RU486 上市，引起軒然大波。最後法國衛生部強制胡梭藥廠推出該藥，不然就得把權利轉給另外的公司；該部部長指出：「RU486 已不只是一家藥廠的禁臠，而是所有婦女的道德財產。」

RU486 自一九八八年上市以來，已在法國及中國大陸使用超過十年（大陸是自行生產），英國及瑞典則晚個幾年。據估計，單這四個國家已有超過四十萬的婦女使用過 RU486 作為墮胎之用。但後來赫司特公司還是切斷了與 RU486 的關聯，不再生產，更不準備開發新的市場，尤其是美國。理由之一是避孕類藥物是不算賺錢的項目（比起其他的藥物來說，盈利是小巫），同時負擔的風險太高，很容易被消費者控告。之前就有生產達康盾 (Dalkon Shield) 子宮內避孕器的公司，被告後申請破產的例子，同時還殃及其他生產子宮內避孕器的公司。

自一九九三年柯林頓總統上臺後，美國食品藥物管理局一掃之前雷根布希時代的保守作風，積極遊說赫司特公司將 RU486 推進美國市場。雖然赫司特公司還是不願介入，但卻大方地將 RU486 在美國的專利權捐給位於紐約市的「人口學會」(Population Council)，世界其他地方的專利權則給了法國的一家非營利組織。

人口學會是一個成立已有四十五年的非營利性研究單位，專注於有關人類生殖及人口問題的研究。由於人口學會並非製藥公司，所以是以授權的方式，交由其他公司製造及行銷。不幸的是人口學會一開始所託非人，浪費了幾年時間打官司，才於一九九七年取回授權，另找願意接手的藥廠。如前所述，全球各大藥廠並不想投入此市場：一來獲利不如其他藥品高，二來怕受杯葛，影響公司其他產品的銷量；再來不幸被告的話，更是麻煩。在一波三折之下，RU486 遲至去年九月才在美國正式上市，比臺灣早不了幾個月。

對臺灣地區來說，是否要引進 RU486，也引起過一番爭執。但從兩個角度來看，禁止絕對是沒有好處的：其一是實際需要，其二是非法藥品的猖獗。一九九九年臺灣地區的健保門診手術，以治療性墮胎為名的就有四萬多件。根據十年前世界衛生組織的估計，每年全球約有七千萬次合法及非法的墮胎，造成十五萬以上的死亡人數。因此墮胎的需要不是由 RU486 造成的，但 RU486 的合法及正確使用，對於有需要的婦女，絕對是有幫助的。

拿 RU486 和威而鋼 (Viagra) 所受到的待遇相比，確有天淵之別。通過威而鋼大家認為是做好事，樂見其成；但通過 RU486 就不免有墮胎幫兇之感，而忘了真正有需要的婦女同胞。我舉當年最早進行避孕藥人體試驗的洛克醫師為例，他雖然是虔誠的天主教徒，但在天人交戰之後，仍甘冒大不韙，進行該項試驗，乃是因為良知與理智戰勝了宗教信仰而義無反顧。目前的藥廠及研究人員，多以商業利益掛帥，已缺少當年發展避孕藥那批人士的理想，從 RU486 及威而鋼的遭遇可見一斑。藉此避孕藥發展歷史的簡短回顧，給大家一些思考的方向。

2002
05/15

成癮

近日董氏基金會以獎金為餌，利誘癮君子戒菸，不少影視明星、社會聞人也都出面響應。雖說抽菸對身體各器官之危害，醫學研究已鐵證如山，但癮君子大多仍難以忘情，就算有心戒斷也常一波三折。究其原因，還是跟成癮的本質有關。

按一般的說法，一個人從事某項活動，變得欲罷不能時，就可謂「上癮」。以此定義，每天看連續劇、慢跑、看報紙、上網等活動，都可能構得上成癮的條件。要是哪天電視、電腦壞了，或是碰上颱風、下雨，很多人都會渾身不自在，不曉得做什麼好。的確，二〇〇二年四月號的《科學人》裡有篇文章，就叫〈電視癮，真有其事？〉；之所以用上問號，是因為醫學上對於成癮有更嚴格的定義，上述這些活動和真正的成癮，還有些距離。

人對某樣東西上癮是漸進的過程，包括肉體及心靈兩個層面：先是身體逐漸習慣了該樣東西的作用，不論是放鬆、欣快，還是某種麻痺或迷幻的感覺，再來是心理也喜歡上它帶來的好處。在成癮的過程中，對成癮物質的需求量會逐漸增加：有的物質在達到一定量之後，會固定下來（如菸草裡的尼古丁(nicotine)）；有的則難有止境，有多少用多少（如古柯鹼(cocaine)）。

對真正能讓人成癮的物質上癮之後，就不容易說斷就斷，因為生理及心理習慣了藥物的作用之後，便產生依賴，一旦停用，就會出現戒斷的症狀。其中症狀強烈者如嗎啡，在許多小說戲劇中，都有生動的描繪，讓人看了心驚；有的如古柯鹼，據稱就沒有什麼肉體的戒斷症狀（心理的渴求是另一回事）；至於尼古丁，則介於兩者之間。

二十世紀初，歐美最出名的醫學教育家歐斯勒 (William Osler) 曾說：「人與其他動物最大的不同，大概是人有吃藥的慾望。」人不但生了病會想吃藥，許多人沒病也會吃藥。至於讓人上癮的藥物，在人類的社會更是普遍，有的還是合法的商品。由此也可以看出，人並不如自己所想的那麼獨立與自主。

史丹佛大學榮譽教授哥德斯坦 (Avram Goldstein) 在《成癮：從生物學到藥物政策》(*Addiction: From Biology to Drug Policy*) 一書中，將可能引起濫用的物質分成了尼古丁、酒精、鴉片類、古柯鹼／安非他命 (amphetamine)、大麻 (marijuana)、咖啡因 (caffeine) 及迷幻藥等七大類。這可能與某些人的認知有所不同：如果說濫用的藥物屬於毒品，那麼菸酒這兩種「公賣」產品，以及咖啡這種「大眾」飲料，怎麼可能也名列其中？

這當然是認知上的盲點，不論這些物質可能的「危害」是大是小，只要會讓人產生欲罷不能的依賴，同時停用之後，會出現戒斷症狀者，就屬於成癮物質。只不過一般人又把這些物質分成兩類，一類是「真正」的毒品，一沾上就可能萬劫不復；另一類則屬於「消閒」用品，偶爾一用，並無大礙。像英文裡只會說某人是菸、酒或咖啡的大量使用者 (heavy user)，而不會說是成癮者 (addict)。自承對某些看似「無傷大雅」之事著迷，似乎也是時髦。當然，這種歸類有其盲點。

哥德斯坦的書中列出了七種成癮物質在美國的使用數據。結果也毫不讓人意外：咖啡、尼古丁及酒精占了前三名，都有幾千萬到上億的使用人口，將第四名以後只有幾百萬人使用的大麻、古柯鹼及海洛因 (heroin) 等遠遠拋在後頭。在國內，咖啡因的使用者還要加上飲茶族，至於檳榔裡的檳榔鹼 (arecoline)，則屬於尼古丁類物質。

一般人或以為只要沒有「即時而明顯的危機」，又不妨礙他人，個人使用什麼物質，干卿底事？因此將「使用毒品」除罪化的論點，國外已數見不鮮（國內甘冒大不韙者，還不多見），只不過談這個問題不能不把人的生物性考慮進去。人腦裡有條所謂的「報償徑路」，帶給人感官的滿足（尤以食色為最），而上述種種引起濫用的物質，直接、間接都作用在這條徑路，帶給人直接又強烈的快感，讓人難以抗拒。這也是單純喊喊口號就要人戒菸、戒酒的做法難以生效的理由。

對於成癮與濫用物質，一般人有太多的誤解及選擇性認知。利用道德訴求或是拿十年、二十年後還未必看見的健康問題作威脅，也難以奏效，更別提還有許多天生異稟者可為反證。有心瞭解更多的人，可以參考《幹嘛要抽菸？》(*Smoking: The Artificial Passion*) 一書。其中不單剖析了人使用菸草製品的種種理由，同時還旁及了成癮的本質。

唯有知識的力量，才能讓人自由。

2002
05/22

鴉片

由於有過「鴉片戰爭」這一頁現代史，國人對於「毒品」的恐懼與厭惡之心，根深柢固。因此，「走私與販賣毒品最高可判處死刑」的公告，也還高掛國門中正機場入境處。即使如此，報紙的社會新聞裡，三不五時就有破獲走私販毒的報導，且動不動就是規模前所未有、價值千萬上億之數，顯然重利之下，必有勇夫。問題是，為什麼對各種藥品上癮的人仍如是之多？為什麼明知花錢傷身，還有這麼多人「執迷不悟」？這一切似乎都印證了一般人對毒品成癮的認知：「一旦上癮，萬劫不復。」事實真的是這樣嗎？什麼又是真正的「毒品」？我們不妨就從鴉片 (opium) 談起。

鴉片是將罌粟未成熟的種子莢割開後，所滲出之白色乳汁乾燥凝固的產物。鴉片的希臘文 opius，就是「少量的汁液」。在幾百種罌粟植物中，只有一種 *Papaver somniferum* 的種子含有鴉片的成分，而人類早在六千年前，就曉得它的存在及功效是頗為驚人的。從四千年前的荷馬史詩，到一千八百年前希臘醫生蓋倫 (Galen) 的巨著，都提到了這種有效的鎮痛、解憂萬靈藥。自蓋倫以降一千六百多年來，歐陸醫生使用複雜配方的植物製劑裡，共同且主要的一味藥引，就是鴉片，其餘添加物無非是些香料罷了。

由於鴉片是罌粟種子的粗萃取物，其中有效成分可隨植物品系、種植地區及採收過程而有所差異，因此古代醫生使用鴉片時，常有份量過頭或不足的困擾。現代醫學的重要進展之一，就是將藥物的有效成分純化，方便定量，鴉片的主成分嗎啡就是其中第一個。一八〇五年，德國的化學家賽特納 (Friedrich Serturner) 分離出嗎啡，根據希臘的睡神摩菲斯 (Morpheus) 而命名。

有了純化的嗎啡之後，鴉片類物質在醫療的應用有增無減，濫用的情形也隨之增多。像十九世紀的英法文壇，就有許多癮君子，如柯立芝與白朗寧等都是，甚至還有人為文歌頌鴉片。事實上，鴉片成癮問題的加劇，還是拜醫學進展所賜，其中包括一八五三年英國醫生伍德 (Alexander Wood) 發明靜脈注射器，及一八七〇年間拜爾藥廠 (Bayer AG) 合成海洛因。

以二十世紀初的美國來說，人口不到今日三分之一，但對鴉片上癮的卻將近二十五萬人，比今日還多，卻未聞造成嚴重社會公害，又是為何？原來十九世紀的美國，對進口鴉片及製作、販賣成藥 (patent medicine) 均無管制，加上醫療水準及醫生普遍不足，因此含有嗎啡成分的藥水、糖漿大行其道，成為家家必備良藥。許多家庭主婦每天都喝上一些，因此上癮。

絕大多數對口服嗎啡上癮者，對健康並沒有什麼不好的影響，戒斷的症狀也不那麼強烈。主要原因是口服產生的作用緩慢，不像從靜脈注射的海洛因，能快速進入腦中，轉變成嗎啡作用，使人瞬間達到狂喜的程度。同時，注射藥物效用消退的速度也比口服來得快。我們現知，藥效的出現及消失快速的鎮靜劑，要比作用緩慢的更容易上癮，戒斷症狀也強烈得多。

美國於一九〇六年通過純食品及藥物法案，要求成藥標明成分；於一九一四年通過哈理遜法案，管制麻醉藥品。自此，成藥裡逐漸看不到嗎啡的蹤跡，鴉片類藥物也只有經醫生處方才能使用。當初上癮的家庭主婦由於肉體依賴並不強，也就逐漸消除了癮頭。反之，一些依賴性強烈的癮君子因為沒有合法的藥物來源，便鋌而走險，走私販毒無所不用其極，藥品黑市價格也猛漲不已，製造出許多犯罪機會，造成嚴重的社會問題。

其實，嗎啡類藥物還是醫院裡最常使用的麻醉止痛劑，以止痛為目的接受嗎啡注射的病人，也鮮有成癮的可能。一般人要是沒有老手的指導與帶領（口手並用將橡皮管紮住上臂，再以單手進行肱靜脈注射），是不容易對嗎啡（海洛因）上癮的。至於真正癮君子的戒斷，除了強行隔離，忍受一陣子的生理不適外（心理的癮頭更深沉、更難根除），美國還有長期服用溫和長效性嗎啡美沙酮（methadone）的計畫。參與計畫的癮君子生活工作一如常人，只是定期（每兩週）領取一定藥量，使其藥癮不至發作（好比二十世紀初每天喝咳嗽糖漿的婦女）。這種成功的個案，最長的已接近三十年。像這樣的例子，或許可讓我們對「毒品」有不一樣的看法。

鴉片的歷史，包括英國在十八、十九世紀走私鴉片進入中國牟利的一段，在以發現鴉片受體成名的藥理學者史耐德所著《腦力激盪：鴉片研究的科學與政治》一書中著墨不少。史耐德也是最早發現動物體內具有鴉片受體的學者之一，他和學生珀特為了發現鴉片受體的功勞誰屬而起的爭執，在《天才的學徒》一書中有詳細的描述，本書〈師徒情結〉一文中也有所著墨。

2002
06/26

宿便的迷思

不久前偶爾聽到一段廣播節目，其中不知是主持人還是來賓說道：「聽說臺北市的男人，每人體內都有兩公斤宿便。」另一位則隨聲附和。我這個學人體生理的，只有擠出一絲苦笑。

沒錯，現代人的生活步調多忙碌不堪，當身體「自然的呼喚」來臨時，未必都能馬上抽身響應號召。再者，不少人的飲食也未見均衡，蔬菜水果吃得不多而導致排便不順，甚至便祕。但因此要說每個男人（我不曉得為什麼排除女人）都有「宿便」，而且是那麼誇張的數量，可是毫無根據的臆測。

多數人談到人體的排泄物，都會出現一副噁心的表情，如果碰巧有人正在進食，更是天大的忌諱。十七世紀的英國神學家雷諾(Edward Reynolds)說得好：「當食物還是好吃的肉時，我們喜歡它，當它成了排泄物，我們就覺得噁心；當食物進入身體之前，我們渴望它，當它通過身體排出時，我們鄙視它。」人對於自身排泄物的厭惡之情，可是心理分析的上好題材。

「吃喝」原是生物維生所必需，「拉撒」則是維持身體平衡的副產品，也不可或缺，進行這些活動還給人帶來某種滿足及愉悅感。食物中的「營養」物質，除了不能消化的植物纖維以外，多數都給身體吸收。人排出的糞便裡，百分之七十五是水，百分之二十五的固體則以細菌、礦物質、脂質及植物纖維（屬於多醣類）為主。除了纖維質外，糞便的組成並不特別受到食物種類的影響，就算長期禁食者，定期也還有一定量的排泄物。

害怕糞便鬱滯引起中毒的想法，是醫學史上不斷出現的主題，可上溯古埃及文明。美國知名的醫生作家努蘭在《器官神話》(*The Mysteries Within*) 一書對此有所描述，值得參考。

埃及人認為當有大量糞便堆積在腸道末端，其中稱為「威黑毒」(weheduw) 的腐敗成分，就會進入由心臟發出通往全身的管道，汙染其中血液、水及空氣的混合物。這種危險的液體產生後，會強行回流至心臟，再傳遍全身，造成各式各樣的疾病。為了防止威黑毒的堆積，埃及人沉溺於使用瀉藥，一個月至少有三天指定服用。同理，他們也經常使用灌腸法 (**enema**)。事實上，灌腸法據信是埃及人在埃及第一王朝（西元前三一〇〇到二八九〇年）時發明的。

除了灌腸及結腸注洗外，十九世紀末還出現了切除一大段或全部結腸等極端手術的做法。這項可怕的手術，目的在治療一種想像中的症候：「自體中毒」，據信造成了像是頭痛、背痛、疲倦、食慾不振及體重減輕等各種症狀。雖然這種做法早已遭正統醫學所摒棄，科學研究也找不出任何自體中毒的證據，但各種變貌的清腸做法，仍然存身於所謂的自然或另類療法之中，藉以營利。美其名為「大腸水療」(**colon cleansing**) 的，是為其一。因此，將排泄物視為汙穢不潔，且尋求淨化的努力，普世皆然；努蘭說，在這一點上，我們都是埃及人。

食物的消化及吸收，主要在小腸進行，剩下的物質進入大腸（又稱結腸）後，除了水分及礦物質繼續被吸收外，還提供了大腸裡寄生細菌的食物來源（從口腔到肛門的胃腸道其實位於「體外」，所以可有細菌的滋生，數量可比人體細胞還多）。細菌可分解一些植物碳水化合物，產生少量的碳氫氣體（屁的來源；豆類纖維則產生較多這種氣體），同時也製造一些維生素（K、B及葉酸）供人體使用。至於糞便的顏色來自肝臟所分泌的膽色素，要是總膽管阻塞，膽汁進不到小腸，糞便也就成了白色。

有的人腸道較為敏感，只要進食造成胃的擴張，就引起胃結腸反射，而有想上大號的衝動，如果因此排出水分未完全吸收的糞便，也就像拉肚子一般，但與真正吃壞肚子有別。食物從入口到排除體外，短則一天，長至三天；因此，有人一天上大號三次（多在飯後），有人三天才上一回，也都屬正常。事實上，我們的胃腸道是相當複雜且自主的器官，除了受到自主神經的調控外，本身還擁有一套神經系統，獨立於腦與脊髓之外。美國哥倫比亞大學（Columbia University）的葛夐教授（Michael Gershon）曾寫過一本科普書《第二個腦》（*The Second Brain*），談的就是胃腸道神經系統。

定期解手的迷思在人類社會根深柢固，幾乎各個時代及各種文化都有出現，要打破並不容易。我們只要對自身的另一端開口多一些瞭解，也就會多一分尊敬，而少做一些不必要、且可能有害的干涉（如大腸水療之類），否則未見其益，反見其害。生活規律、飲食均衡等老生常談，還是維持排便通暢的最佳做法，其餘的則可以留給我們「智慧的身體」自行解決。

2002
09/11

小小世界真奇妙

近年來，「基因」與「奈米」(nanometer) 這兩個詞兒，不但是報章雜誌最熱門的科學報導題材，同時也是政府投資最鉅的兩個項目。有朋友將兩者加上「蛋白體計畫」，戲稱為「雞蛋炒飯」，雖然此「基蛋」非彼「雞蛋」，此「米」非彼「飯」，但也頗為傳神。

按一般認知，基因屬於生物學家的研究範疇，奈米則屬於物理及工程領域，兩者似無交集，但科學研究跨行跨界的，比比皆是，無足為奇。學物理的多有人涉足生理及分子生物的研究，學生物的人更是經常在微觀的奈米世界遨遊，這只怕是行外人所未能想像。

古典的生物學是描述性的學問，無論形態、分類、生命史、生態等，多屬於觀察記誦之學，比起數學、物理、化學等以計算為主的「硬」裡子科學來，只能算是「軟」科學。三十多年前，筆者進入臺大動物系就讀，頭兩年接觸的都是傳統的解剖分類訓練，直到大三修完生理與生化兩門課後，才算對生命運作的機制稍有瞭解，也才曉得生命終究脫不開物理與化學的法則。

生命現象究竟是以化學、還是以物理解釋為佳，科學史上曾有過激烈的爭執，而分成化學醫學

(iatrochemistry) 及物理醫學 (iatrophysics) 兩派。化學醫學的祖師爺凡黑爾蒙特 (Jean Baptiste van Helmont) 主張所有的生命，像是消化、生長、發酵等，都來自化學反應；而物理醫學的代表巴格利維 (Giorgio Baglivi) 則認為生命現象必須以楔子、天平、槓桿、彈簧，以及其他機械原理來解釋。十八世紀的蘇格蘭醫生漢特 (John Hunter) 則在演講時發表過一番揶揄之詞：「有些生理學家會說胃是個碾磨廠，有的說是個發酵槽，還有的會說是個燉肉鍋。依我來看，胃既不是碾磨廠，也不是發酵槽，更不是燉肉鍋。在座諸位，胃就是胃。」

物理醫學與化學醫學之爭，當然早已告終，生命現象必須同時以物理及化學原理解釋，已成公認之事實。然而，國內的生物教學，尤其是在奠定基礎的中學教育階段，卻仍然少了這樣的體認。對生物有興趣的，物理化學下的工夫不足；學理工的，又少了生物學的知識，兩者都有所欠缺。目前生物學裡只有少數傳統分支或許還可以置身事外，但真正尖端的研究，絕對少不了物理與化學（還要加上數學）的助益。數、物、化底子愈好的人，愈能夠有所創新及突破，否則也就只能做些補充 (follow-up) 或模仿 (me-too) 的二流研究。

生物學進入真正科學的領域，量化是一項重要指標，這對於一向以描述記誦為主的學子來說，一開始是不容易適應的。我在美國念研究所的頭幾年，聽老師之間的交談，對於他們隨口說出細胞內外離子，以及血中氣體、葡萄糖與荷爾蒙的濃度，還有各種生物構造的規格數字時，我都只有茫然以對，既無概念、也無能力分辨對錯；直到多年以後，才足以跟上。這份挫折感，遺留至今。

其實生命的現象，本在微乎其微處發生。人肉眼可分辨的極限（解析度），在零點一毫米（mm，十的負三次方米）左右；只有在光學顯微鏡發明以後，將物品放大數百至上千倍，人才看到了以微米（μm，十的負六次方米）為單位的細胞；至於細胞裡頭更小的胞器、細胞與細胞的間隙、比細胞還小的病毒，甚至蛋白質及核酸等組成細胞的大分子，就落入了奈米（nm，十的負九次方米）的範疇，只有放大幾萬倍的電子顯微鏡才觀察得到。至於「毫」、「微」以及「奈」等量詞，不單用在長度，也用在體積和重量的單位。

譬如血中的荷爾蒙，多是小分子的胺基酸、類固醇及蛋白質類，以濃度而言，都在每毫升幾奈克（ng），甚至到皮克（pg，十的負十二次方克）之量。有人形容其量之微，就好比將一茶匙的食鹽溶在一個標準游泳池的水裡那樣低。像這樣微小的濃度，早已超過任何以物理原理製作的天平所能計量的範圍。四十年前，有人想到利用生物的抗原抗體反應，加上放射性元素的物理性質作標誌，而發明了放射免疫測定法，成功測得了血中荷爾蒙的濃度，也徹底改寫了內分泌學以及醫學的檢驗法❶。

如今，奈米科技在生物醫學的應用更多且廣，以奈米規格製造的微型器械，應用在疾病的檢驗、診斷與治療上，潛力無窮。追根究柢，生命的組成及反應，本屬於奈米的世界，如今與奈米科技結合，誰曰不宜？

❶參見本書〈雅婁與柏森的故事〉及〈胰島素的故事〉。

2003
06/04

與病菌為伍

經由十七世紀的荷蘭織品商人雷文霍克（Antonie van Leeuwenhoek）所製造的顯微鏡，為世人揭開了另一個世界，其中有數不清的微小生物存身，包括目前所稱的細菌在內。十九世紀的法國科學家巴斯德藉由加溫滅菌及巧妙的U型管構造，推翻了生物的自然發生說，也建立了疾病的病原菌理論。自此，受過國民教育的現代人大都知道空氣、水、土壤，甚至我們身上，都有許多肉眼看不見的微生物進駐。美國小學生剛學到這一課時，動不動就以一臉噁心的表情大叫：「有蟲！」（Germs!）國內紙巾廣告也曾以此為訴求，強調抹布重複使用了幾次以後，上頭會有多少細菌云云。

病原菌理論在二十世紀初得到醫學界的全面接受，隔離、消毒與滅菌也成了防範與治療傳染疾病的標準做法。這種方式的確大幅降低了醫院病房、手術房、產房及嬰兒房的感染，並增加了病人的存活率。此外，公共衛生的措施，像是飲用水的滅菌、生鮮食品的處理及保存、隱藏式下水道系統、垃圾集中處理及消除傳染病原菌的媒介生物等，在在使得現代人的生活更安全且舒適。再加上疫苗接種逐漸普及，因此，在一九四〇年代中第一個抗生素「盤尼西林」（penicillin）量產之前，西方社會的人類平均壽命已大幅增加。隨著抗生素的種類及供應愈來愈多，之前奪命無數的細菌性傳染疾病，如肺炎、傷寒、百日咳、猩紅熱等，已不再那麼可怕，人類社會也瀰漫著「戰勝」病菌的樂觀。

然而，這種樂觀並沒有維持太久。除了濫用抗生素造成許多抗藥性細菌品種出現之外，還有一大類比細菌更小、更原始的病原菌卻不受傳統的抗生素影響，那就是病毒。從最平常的感冒，到讓人聞之色變的愛滋病，都是由病毒所引起，其他還包括小兒痲痺、腦炎、腸炎等各種可能致命的毛病。目前雖然已有一些針對病毒的藥物上市，但有效程度、專一性及副作用等問題，尚有待改進，因此疫苗注射仍是目前對抗病毒最有效的方法。然而，對於突變迅速的流行性感冒病毒及愛滋病毒等，不是每年秋天都得注射一劑疫苗，以對付當年可能流行的病毒，就是有效的疫苗仍未誕生。

一般人或許以為只要自己善加防護，就可免於與病原菌接觸，殊不知除了人體表面隨時接觸微生物外，我們的呼吸道、消化道及生殖管道無時無刻也都有大量的微生物進駐，與我們和平共存，甚至提供助益。我們可以從下面兩個例子當中，瞭解病原菌致病的可能緣由，或可降低一些焦慮。

一九五六年，英國倫敦大學的細菌學教授艾雷克 (Stephen D. Elek) 想要建立細菌數目與致病之間的關聯，於是進行自體實驗。他讓助手將可造成傷口感染及敗血症的葡萄球菌，從低劑量開始逐步注射到自己皮下。令他們驚訝的是，高至百萬之數的葡萄球菌，也只在皮下形成了個小膿包，更低的劑量則完全沒有任何症狀。然而在皮膚有傷口的所在，低數量的葡萄球菌就可能引起嚴重的感染。所以說，許多細菌平日可能跟我們和平共存，但卻伺機而動，造成機會性感染。因此維持手術房及傷口的無菌狀態，確實是重要的。對健康的人來說，這種風險就小得多。

另一個例子發生在一九一八年全球流行性感冒期間。該次流感奪去了兩千萬人的性命，可說是有史以來最慘烈的流行疾病，但不到百年期間，卻遭到社會集體遺忘。該次流感有兩個特色，一是在相當短的期間內在全球各地爆發，然後又迅速銷聲匿跡；另一特色是致死的病人當中許多正處於青壯年。當時，有醫生想找出流感的傳染途徑，因此以減刑為誘因，以一批犯人進行實驗（這種人體試驗有違醫學倫理，早已禁止採用）。他們讓受試者與病患同處一室，造成近距離接觸，並將病患的口鼻分泌物塗抹在受試者口鼻處等方式，不一而足，結果是受試者幾乎都沒有受到感染。因此，病原菌的存在與否，似乎不是發病的絕對因素，受試者的身體狀況，可能也扮演相當重要的角色。

人與地球上許多其他生物，原本各有所屬棲境，互不相犯，但人類的擴張，卻一再侵犯其他物種生存的空間，連帶也接觸了一些之前鮮少接觸的微生物。微生物是標準的寄生生物，造成宿主死亡絕非其生存之道，只有在還不熟悉的宿主身上，才可能引發過度反應。之前多次爆發的豬、禽流感病毒，以及此次引起 SARS 的冠狀病毒，都屬於此類。SARS 病毒是否會像天花病毒一樣在地球上絕跡，或仍存身於某種動物伺機而動，仍屬未知之天。從新加坡及香港疫情得以控制的例子可見，古老的隔離檢疫仍屬有效做法，臺灣顯然也不會例外。

2001
11/21

不知老之將至

從小我們自廣播、電影及電視中得來老人的形象，大都是彎腰駝背、行動遲緩、講話有氣無力、一句三頓，加上動不動嘆口氣說：「我老了，記不得了，不想動了。」曾幾何時，文壇、藝壇、政壇以及各行各業，充斥著過了耳順、不踰矩之年的「老人」，不但耳聰目敏，精神矍鑠，且創作、話題不斷。不禁讓人驚嘆，人類老年的極限究竟在哪裡？

生物體隨著年歲漸長，形體逐漸退化，以至消逝，乃古往今來毫無例外之事，只不過老化 (**aging**) 的過程與人生的最後旅程如何走完，卻是因人而異，變化頗鉅。坊間經常有訪問人瑞的報導，無非希冀我等凡夫俗子，也能從他們的養生法寶偷學一二。

從生物學的角度討論老化的書籍所在多有，不管是什麼機制促使生物體老化，好比基因、耗損、自由基、計畫中細胞死亡等，在科學或醫學無法全面減緩老化的腳步之前，曉得這些知識真正的用處並不大，還不如多知道一些正常生理的運作，及早落實健康的飲食起居之道，才是正途。

至於基因的因素，倒是不容否認，因為長壽的確有家族遺傳，目前已有研究人員在找尋所謂的「長壽」基因。只不過一來父母無從選擇，再來就算曉得是什麼基因促成了長壽，進行「基因治療」仍屬遙遠未來之事，該類基因究竟所司何職，反倒是讓人感興趣的。

哈佛大學的老人學家鮑爾（Douglas H. Powell）前幾年寫了本書，叫《老化的九種迷思》（*The Nine Myths of Aging*），是談老化的眾多書籍中，最實際的一本。他的目的不在於告訴讀者人是怎麼老化的，而是藉由破除一般人對於老化的不實想法，避免產生所謂「自找的老年歧視」（self-inflicted ageism），讓老年生活更愉快、更豐富，也更有意義。

到底這九種迷思是什麼呢？一、老化是無聊的題目，不值得探討；二、所有的老人都一個樣；三、不健全的身體，等於不健全的心智；四、人老了，第一個喪失的就是記憶力；五、腦子不用就退化了，多用則可以維持；六、老狗學不來新花樣；七、老人都是孤單寂寞的；八、老人都是沮喪的，也理應如此；九、聰明的老人才有智慧。

上述第一至第三條，很明顯是錯的。隨著老年社會的到來，老人學研究以及老人對社會的影響力愈形重要且深遠。老人的天地可以多采多姿，老人的類型也各式各樣。有的老人到了七、八十歲還可以相當稱職地工作，只要量力而為，就不必自我設限。但是無論工作或休閒，都要遵守三個原則：有所選擇、善用長處及尋求輔助。像鋼琴家魯賓斯坦（Arthur Rubinstein）八十歲了還照常登臺表演，只不過一場音樂會裡，他彈的曲目比年輕時少，都是他最喜歡及彈得最好的，同時他也放慢整首曲子的速度，使得需要彈奏許多音符的小節，也能順利過去。

第四個迷思是最普遍的。人一到中年，忘了事情，就會怪自己上了年紀。事實上，不是所有類型的記憶退化都一個樣。上了年紀的人，空間記憶、處理速度、短期記憶以及同時做兩件事情的能力，才是最早受到影響的，記名字、數字一類的並不是。因此，老年人要曉得自己的缺失何在，才能用上補救之道，像是用筆記下停車樓層編號，以及要做的事、要買的東西。再來，給自己多點時間完成工作，一次做一件事等，都有幫助。

第五及第六兩條，也是很多人相信的。事實上「活到老、學到老」並非騙人，但學習要得法，按部就班，不能求快，要將多年的經驗變成學習的助力，而非阻力，像學電腦即是。再來，許多技能不管怎麼常用，到老還是會衰退，比不上年輕的時候。認清這點無可奈何之事，可免不實之期望。當然，以同年齡層的老人來說，多用腦力及多運動者，絕對要比完全被動者好上太多。

老人喜歡獨處，也需要家人及朋友。朋友重質不重量，且新不如舊，因此花點心思及努力維持友誼是必要的。人活得愈久，老伴老友凋零自不可免，但如今同年齡層的老人愈來愈多，再交新友，亦非難事，如果學會上網，甚至不用出門，亦可與遠方家人、識與不識之朋友即時筆談，且控制權操之在己。

老人的智慧來自適度、仁慈、冷靜及自制，這些都是一輩子掙來的經驗，與聰明才智無關。根據大規模的調查報告，老人的心理狀況並不比青壯年為差，老人絕非不快樂的一群，「夕陽無限好」是正確的寫照。現代社會人人想要能「老得漂亮」，有正確的觀念，加上適度的努力，應不難辦到。

輯3

科學萬象

2003
06/25

學然後知不足

學術中人（也包括一般人）最在乎的事之一，是讓自己看起來有學問；最忌諱的，則是被人說成沒什麼學問。許多人一輩子讀書、做研究、寫文章，無非是努力證明自己有學問。然而，什麼是有學問，一般人卻不見得仔細想過，也不一定有共識。

有人以拆字的方式，把學問說成「學習問問題」，那雖是取巧的說法，也算是指出做學問的方法之一。會問問題，代表具有批判式思考，曉得問題何在，進一步則可想辦法解決，學問因此產生；要是僅只是問問題，不求解決（或是不曉得怎麼解決），也就不會有太大的學問。

一般人的印象裡，只要書讀得夠多，就是有學問，我們也常以滿腹經綸來形容有學問的人，只不過《禮記》有言：「學然後知不足。」書讀得愈多的人，通常也愈謙虛，因為他們從閱讀中曉得自己沒讀過的書、不知道的事還有更多。只有半瓶醋，才會響叮噹。

「書讀得愈多，愈覺得自己沒學問」的這種弔詭，其實是很常見的。我曾經讀過某位學者的自傳文章裡寫道，他一輩子都在提心吊膽，深怕有人發現他「不學無術」。同樣地，在當今急功近利的學術界，一位學者多有學問就只看他過去五年的發表成果而定。看來，擁有這種焦慮的學術中人，只怕會愈來愈多。

為什麼書讀了愈多的人，反而不覺得自己有學問呢？我想這與愈有錢的人，愈不覺得自己有錢，反而還更擔心自己會沒錢是類似的情形。人對於已經到手的東西，常視為理所當然，而不覺得有什麼了不起，反而對於還不屬於自己的東西覬覦不已。對學問來說，也差不多。

至於什麼樣的人是真有學問呢？不少人以博聞強記、反應敏捷為有學問的表現，許多標準化測驗以及電視益智問答節目，多強調這種枝微末節之學（國外有種現成的商業遊戲，就稱為「瑣碎的追求」(Trivial Pursuit)，裡頭有上千個瑣碎的問題）。有些人的腦袋對於記住人名、地名、動植物名、年代以及各種名人瑣事，特別靈光，讓人嘆為觀止，但這離真正的學問大概還有點距離。

更多的人會認為一輩子在學術象牙塔裡皓首窮經之士，應該是真有學問。然而當中多的是一輩子鑽研極為狹窄的題目，對細微的問題瞭解愈來愈多的人，到頭來，他們與上述「追求瑣碎」之士，只怕也差不了多少。這些人當然是有點學問，人類社會的知識也靠這些人的探索而得以增進，但他們的學問如何展現，才是大問題。

自古以來，展現學問無非是以演講及著述兩種方式。大師親臨開講，向來是學術界盛事，尤其是在以往交通電訊不便的年代，遠從外地甚至國外請來的講者，常受到熱烈歡迎。所謂百聞不如一見，見面更勝聞名，親聆大師一席演講，絕對可以少讀許多年書。不過，見面不如聞名之輩也所在多有，有人或只是拙於言詞，有人則屬沽名釣譽之輩，非親自坐在臺下聽上一回，才能分辨得出。

不過，演講的影響到底有限，著述仍是表現學問的主要方式。著作等身，一向是學術中人的最高目標。只不過隨著學問的分支愈來愈細，專有名詞愈來愈多，學術論文成了少數行內人才讀得懂的文章，一般人則難以分辨高下，只有從發表的期刊以及發表的數目上做大致的評比，而不一定看得出誰比較有學問。

其實，真正讓人覺得有學問的表現，通常是創意。創意是不同流俗的想法；是將兩個原本不相干的事件或觀念連在一起的做法；是讓我們發出「我怎麼都沒想到」的表現。有人聲稱這種本事是天生的，許多所謂的天才，就是以創意著稱。有人則強調創造力可以學習，也就是從以語言為基礎的直線式思考，轉變成圖像式的平行式思考。從許多科學的發現，可看出創造力隨年齡增長而遞減的現象，也就是說隨著學問累積愈多，思考方式落入窠臼，創意也就愈少。因此，想要長久保持有學問的形象，不是件容易的事。

話說回來，一個人看起來有沒有學問，倒不一定重要，更要緊的是有沒有從知識當中獲得滿足，以及擁有生活的智慧。以學問（其實是學位、獎項及頭銜）自滿及驕人，終非長久之計，到頭來還可能喪失了求學問的快樂。

2001
06/20

大哉問

近日參加了一場有關翻譯的研討會，在場的多是人文社會學科的專家學者，自然科學出身的屈指可數。由於自己多年都待在醫學院校的狹窄環境，同事、學生間說的都是同一種語言，幾乎忘了還有許多有學問的「非我族類」，想的、說的是完全不同的一套。

像會中有位學哲學的朋友針對我的報告問：「為什麼要寫那篇文章？」我直覺的反應是：「答案不都在文章裡了嗎？」但細究其意，只怕還有更深的層面，只是那樣的問題，常不在學自然科學的人腦中出現。

那究竟什麼是該問的問題呢？難道「學習問問題」不是做學問的人最重要的訓練嗎？前輩生理學者許密特－尼爾森（Knut Schmidt-Nielsen）在自傳《駱駝的鼻子》（*The Camel's Nose: Memoirs of a Curious Scientist*）裡有句話很有意思：

據說學校的主要功能，在於教給學童夠多的事實，讓他們停止發問。而那些學校教育沒有成功的人，就成了科學家。

因此問題當然是科學家的基本工夫，重點是該問什麼問題。作家卡倫（Arno Karlen）在《病菌現形》（*Biography of a Germ*）裡寫道：

不成熟的心智喜歡龐大的問題，打破砂鍋問到底。新鮮人總喜歡抓住真理的本質和文明的命運之類的問題不放，而他們的答案可想而知是虛無飄渺的。教學的最大樂趣之一，就是看著人們學習如何提出比較謙虛、可以回答的問題。他們的問題由廣泛的「為什麼」，進步到專一的「怎麼樣」。只要他們野心不要太大，只集中在生命織錦中的一個小角落，他們將會發現（說來有些弔詭）自己對於整個景象有更深入的瞭解。

這段話說得再好不過。我聽一位同事說過：「生物學只剩下三件重要的未解問題，其餘都不值一顧。」至於他說的是哪三件，我已不復記得，只知道「生命的起源」是為其一。我再細查這位同事的研究成果，卻乏善可陳，顯然也犯了卡倫所說的毛病。我雖然不否認這位同事想問的問題是重要的，但對我來說，回答目前可以解決的「小」問題，比起只問「大」問題就滿足卻不求解決的態度來說，毋寧是更實際的。

舉個生理學上的例子。我們都知道男性的睪丸(testis)在發育過程中，要從腹腔降至體外的陰囊中，如若不然，就形成隱睪症(cryptorchidism)，而造成不育。原因是人類精子發育時溫度不能太高，要在比體溫低上好幾度的環境下（攝氏三十二度）才行。陰囊利用廣大的表面皺摺（散熱用），以及動、靜脈的逆流走向（動脈血散熱、靜脈血保溫），可達到這個效果。有人因此想過以穿緊身吊帶內褲及每天泡三十分鐘熱水浴（攝氏四十三至四十五度）作為男性避孕的方式。然而這種降低精子數目以達避孕的法子，效果並非百分之百，實行也有困難，所以也只是說說而已，少有人認真。

至於高溫怎麼樣影響精子的生成，是可以探討的問題，在細胞生化的層面，也一定找得到一些答案。但另一個問題：「為什麼睪丸曉得要降至陰囊中？」就沒那麼容易回答了。第一，不是所有哺乳動物的睪丸都會降至陰囊，像單孔類（鴨嘴獸）、大象等動物，睪丸就停留在腹腔；其他還有睪丸降了一半在股溝（鼴鼠、海豹），或是睪丸可隨時進出腹腔的動物（多數齧齒類，就是鼠類）。也就是說，不是所有動物的精子都是怕熱的（至於牠們各自的精子生成之間有什麼不同，也是可以問的問題）。因此人類的精子為什麼怕熱，就不是容易回答的問題了。睪丸下降當然是「適應」精子怕熱的結果，可是精子怕熱又是適應什麼呢？許多人津津樂道睪丸下降的「美妙適應」，反而說不出精子怕熱的「道理」，不是見樹不見林嗎？

總而言之，如何發掘、辨識及解決科學上的問題，在在考驗研究者的功力與慧根。有師傅帶領入門自然很好，但修行仍在個人。卡倫的話中最後所謂「弔詭」的一點，同《禮記．中庸》：「君子之道，辟如行遠，必自邇；辟如登高，必自卑。」是一樣的道理。經驗還不足時，一頭就跳進太大的問題，注定是討不了好。偶爾從行外人處得點不一樣的刺激，也是有益的經驗。

2000
12/27

也是兩種文化

人文與科學的對立由來已久，但一九五九年英國物理學家、小說家及評論家史諾 (Charles P. Snow) 在劍橋大學一場演講中揭櫫的「兩種文化」(two cultures) 一詞，已成為日後一切討論人文與科學問題的起點。這篇講稿與四年後史諾的後續之作《兩種文化》(*The Two Cultures*) 遲至四十年後，臺灣才有譯本出版。所謂遲到總比沒來好，史諾當年提出的問題，在新世紀伊始，仍值得深思。

從表面來看，二十世紀的科技進展，可說是人類史上高峰。科技人的出路與收入，普遍要比文史哲者強；但到頭來真正掌握政經大權，以及帶動社會風潮的，又還是以人文社會專業出身者為主。甚至連「知識分子」的名分及發言權，大都被後者占為己有。這一點讓科技人不甚滿意，因此史諾才有「兩種文化」之警語，甚至在後續文章中，還提出「第三種文化」(the third culture) 的口號來。

「第三種文化」的原意是冀望社會歷史學家，作為兩種文化的溝通者。事實上多年來，也不乏著名科學家以特定主題或回憶錄方式，寫出一般大眾都能接受的作品，直接推銷自己的想法。進入一九九〇年代，更有知識經紀人如布洛克曼 (John Brockman) 之流，作為科學家及出版社之間的橋梁，讓科學家直接擁抱群眾。布洛克曼自己還訪問了二十幾位當代頂尖的科學家，出版了《第三種文化》(*The Third Culture: Beyond the Scientific Revolution*) 一書。

話說回來，人文與科學的隔閡，是所謂「知識分子」的問題，尋常老百姓未必關心。科學研究如果尚未落實到應用的層面，也和文學哲思等創作沒有兩樣，對一般人的生活並無直接影響。由於科學研究一向講求實證，對不確定性也欣然接受，這樣的態度在多數政治社會的議題上，簡直是無用武之地。正反兩方都可以拿科學來作護身符、擋箭牌，核四就是最好的例子：管你是諾貝爾獎還是院士級的科學家，也無法彼此說服。

講到科學界內部分門別派，爭執不下的例子，更是多不勝數。以生物科學為例，從「田野派」與「實驗室派」的壁壘分明，到「活體實驗」與「離體實驗」孰優之爭，雖然難得有誰是誰非，但彼此瞧不順眼是真切的。這種對峙現象的出現，基本上可用「古典」與「現代」，或是「非主流」與「主流」的區分法解釋。然而自一九五三年，攜帶遺傳基因編碼的DNA雙螺旋結構解開之後，所謂的「分子生物學」便以雷霆萬鈞之態勢，逐漸侵入生物醫學的每個領域。不論你研究的是形態、分類、解剖，還是生理、生化、藥理，都無法倖免。

最早受到這波「顯學」所影響的，大概是美國哈佛大學的生物系。一九五六年，該系同時聘任了兩位助理教授，一位是以研究螞蟻出名的族群生物學家威爾森，另一位則是發現DNA結構的華生。挾著「生命最大奧祕的共同發現人」頭銜，華生的傲慢是出了名的；但在威爾森的自傳《大自然的獵人》中，才看到實際的情形。華生「帶著一個信念來到哈佛，認為生物學必須轉換成由分子及細胞所主導的科學」，他「還用革命般的強烈輕蔑態度，來對待生物系其他二十四名成員中的大部分人」。

威爾森與華生同事十二年，直接面對面講話不超過五、六次。他們在走廊相遇時，華生從不打招呼，令美國南方出身、重禮數的威爾森很為難，最後只有「低聲咕噥一句寒喧，草草帶過」。

對於聘用新教員，華生的評語是：「只有瘋子才會想聘用生態學家。」搞到哈佛的老教授私下對威爾森說：「以後不要再用『生態學』這個詞，那已成為髒字眼了。」威爾森後來想到人類學的教訓：「當某個文化準備消滅另一文化時，統治者首先做的，莫過於『官方場合，禁用母語』。」

同樣的情形，個人也有親身體驗。掌管全國醫藥研究的最高首長在公開場合說：「解剖學已死。」近來一場專題討論中，我發現傳統活體（*in vivo*）與離體（*in vitro*，在試管中之意）的講法，對細胞及分子生物學者來說，試管中培養的細胞也是活體，打碎之後才是離體，完全悖離了活體（living body）的原意。

如前所言，各式各樣的「兩種文化」之爭，不外乎「新興主流」與「過時傳統」之爭。從歷史的角度來看，主流派在大開大闔破舊除新之際，眼界最好長遠一些，免得到時「禮失求諸野」，甚至找不回來，則悔之晚矣。

2002
07/17

師徒

李安的電影《臥虎藏龍》裡有一段，讓身為老師的我有很大的感觸：那是玉嬌龍被迫露出自學的武當派正宗功夫，救出師傅碧眼狐狸後，坦承自己的心路歷程。玉嬌龍說，當她早年曉得自己的功夫已經勝過師傅時，心裡怕得很，因為她「看不到天地的邊、不知該往哪裡去，也不知能跟隨誰」。我想，很多師徒之間，到後來都有這種複雜的情感。

我大學的前幾年，過得迷迷糊糊的，完全不曉得將來自己要做什麼，或能做什麼。直到升上大四，才碰上一位喜歡及佩服的老師，也一頭栽進他的實驗室，完成了碩士學位。雖然入了門，但大部分的實驗都是按既有做法及指令行事，沒有太多自己的想法，更不曉得實驗本身有無新意，結果能不能發表。如同多數國內研究生一樣，我當時也不認為發表論文是自己該做或能做的事。我的老師多年來一心想發表論文在國際期刊，頭號目標訂在《科學》及《自然》，只不過到他過世前，都未能如願。

我的老師是早期選擇回國服務的少數留學生之一。三十幾年前國內的研究環境跟現在完全不能比，不做什麼研究，或幾年才發表一篇文章的大學教授比比皆是。有辦法的歸國學人多做了官，真正有心在學術上發展的，走的是辛苦的路，無論是物質還是精神兩方面的報償，都極為稀少。我的老師就是其中的典型。

說起當年的辛苦，年輕一輩都當成是天方夜譚，也不愛聽。總之，從動物、試藥、耗材、儀器等，都得克難從事，且事倍功半。當年還是必須出國拿博士的年代，一來國內沒有我這行的博士班，再來只有個碩士是難以在學術界混出頭的。這一點我從系上一位老師的遭遇，看得相當清楚。這位老師只有個碩士學位，早些年倒也還管用，但在我就學那幾年，陸續有學成歸國的老師加入系上，把他開的高年級課程一一拿去，最後就只剩大一的入門課。不能開課事小，得不到學生的尊重，該是更讓人難受的。

那時申請國外學校的介紹信，我們都是自己把信先寫好，用打字機一個字一個字敲出，再請老師簽名。我還記得自己吹牛皮，藉老師之名，說「該生對英文已有十足掌握」。我用的是 master 一字，老師看了，只問了句：「你確定？」我點點頭，他也就簽了名。

我的老師是留美博士，英文當然差不到哪裡去。有回外賓來參觀，他在我們面前秀了一段英文，介紹實驗室的工作，送走外賓後，他還特別問我們覺得他的表現如何，我們當然是佩服得五體投地。只不過有回他在言談中說，他們這些研究員，英文叫 follow，是要跟著院士做研究的，然而院士都在國外，要他們怎麼跟呢？我一聽，顯然他把 fellow 給誤以為是 follow 了。我當時的感覺就跟玉嬌龍一樣，既驚且懼，更不敢出言指正，深藏至今。

個人在研究這條路上，從來也走得不那麼心安理得。每每看到別人發表的論文就會想，自己怎麼沒想到要那麼做？也不時心生懷疑，自己是否只能做個二流的科學家、教書匠？近年認得一位朋友，他說在大學時代就公開宣稱，自己缺少原創性。有這分自覺的人已經不多，敢公開宣示的，更絕無僅有。但話說回來，真正有原創性發明的，古往今來又有幾人？絕大多數人所成就的，也不過是把前人的工作往前給推進一步罷了。世人多推崇不世出之天才，然而天才背後的準備與付出，卻少有人注意。唯有自己稍有點成果時，才曉得天才需要九十九分努力的說法，不是騙人的。

我的老師在我拿博士學位那年就過世了，年方五十，他的學生也成了所謂「學術界的孤兒」。一轉眼，我自己回國任教已滿十六年，指導過的碩博士生比老師當年還多。當我發表頭幾篇文章在國際期刊時還會想：如果老師還在的話，應該也會感到高興吧？看著國內許多不同師徒關係的例子，我也免不了尋思：如果老師還健在，這些年我們的關係會是如何？合作？競爭？還是就不相往來？

近年來我想得較多的，還是與自己學生的關係。我的學生多在起步的階段，聊以自慰的是，多數都還走在研究與教學的路上。記得十年前有部電影《情到深時》(*Matters of the Heart*)，裡頭西摩兒(**Jane Seymour**)飾演的鋼琴老師說：「多數學生彈完一首作品，會像哈巴狗一樣等著老師的稱讚，好的學生則自己曉得表現是好是壞。」人難免需要別人的肯定，我並不吝惜給學生鼓勵，但我更期待我的學生青出於藍。

2003
04/16

衣帶漸寬終不悔

什麼是研究？為什麼要做研究？什麼又是「好」的研究？這些問題，三不五時總會有人提出來談談。說起來，好奇心是研究之母，人對世間萬物的來龍去脈感到好奇，想要找出答案，也就是研究活動的肇始。準此而言，只要長保好奇心，則人人可以做研究。

研究雖然人人可為，但要具有原創性，可不容易。英文俗話裡有云：「不要把輪子再發明一次。」指的就是這個意思。想要曉得某個問題是否有人研究過，並已獲致成效，本身可能就是一項大工程。各行各業的研究到頭來，常常就是在找出還有什麼是沒有解決的問題。

有人把研究分成「基礎」與「應用」兩類：前者像是無所為而為，似乎層次較高；後者則是有目標做導向，常與技術發展相提並論。其實，研究本身只有高下之分，而無基礎應用之別。許多影響國計民生的科技進展，原本都屬於基礎研究；同時，也有許多基礎研究，只是換湯不換藥的重複操作，並無新意可言，當然也高明不到哪裡去。無論如何，基礎研究畢竟是花錢的玩意兒，窮國家是無福消受的，那也就是國內在一九八〇年代經濟起飛之前，要做花大錢的研究常比登天還難的原因。

話說回來，大規模由政府支助在大學及研究機構進行研究，是二次世界大戰以後才出現的，可說是相當現代的產品。起因是西方國家政府發現許多戰時的研究，好比雷達、電腦、抗生素及核能等，都有極大的應用價值。因此歐美各國在戰後投入固定經費於長期的基礎研究，造成科學在二十世紀下半葉有突飛猛進的發展；發展中國家有樣學樣，但無論規模或成效都還瞠乎其後。

最近閱讀二〇〇二年獲得諾貝爾生理醫學獎的薩爾斯頓（John Sulston）與記者合著的自傳《生命的線索》（*The Common Thread*），對其研究生涯頗有感觸。薩爾斯頓獲得諾貝爾獎肯定的研究，在當年可是被多數人視為吃力不討好且無大用的工作。一九六九年，薩爾斯頓加入了由布黵納（與薩爾斯頓共同獲獎）所主持的實驗室，以線蟲（*Caenorhabditis elegans*）這種生活在土壤當中的微小生物（長度只有一毫米，肉眼勉強可見）為材料，研究其完整的發生過程。

線蟲這種生物的優點，在於其發生期短（只需三天）、全身上下只有九百五十九個細胞，而且在特殊顯微鏡下每個細胞都清晰可見。一開始，薩爾斯頓追蹤並釐清了線蟲從幼蟲到成蟲的發育過程中，全身細胞的親緣關係（也就是哪個細胞是從哪裡來的）；接下來，他接受了更大的挑戰：釐清從受精卵開始分裂，到幼蟲每一個細胞的親緣關係。為了這項工作，他每天關在顯微鏡室裡觀察胚胎細胞的分裂，一天兩次，每次四個小時，整整持續了一年半的時間才大功告成。按薩爾斯頓自己的說法，研究的重要性是關鍵所在，只要你認為辛苦收集的數據是重要的，也就值得堅持下去。

完成了上述工作後，一九八三年，薩爾斯頓又著手另一項大型計畫：在線蟲的六條染色體上，建立所有基因的實質位置圖譜。這項工作在當年也是非常辛苦的工作，薩爾斯頓及同事花了六年時間才得以完成，然而接下來，他又著手將線蟲基因組上數目將近一億的鹼基給定序出來的工作。薩爾斯頓自嘲道：「我的弱點是喜歡大而無當的計畫。」一九八九年，他承諾要開始進行線蟲基因組定序的工作時，形容自己的感覺是：「彷彿聽到監獄牢房的鐵門，在身後關上的聲音。」的確，線蟲基因組的定序又花了漫長的九年時間，到一九九八年才大功告成。從基因的定位到定序，總共花了十五年的時光。

然而，那還不是薩爾斯頓參與的最後一個大型計畫。一九九三年起，他領導了英國最大的基因組定序機構桑格中心（Sanger Center），進行人類基因組的定序工作。原本由美、英、法、德、日等國組成的國際定序聯盟以十五年為期，解開人類基因組的序列，但在一九九八年，由凡特所建立的賽勒拉公司加入競爭，加速了該計畫的進行，造成三十億鹼基序列的草圖提前於二〇〇〇年六月宣布完成。這段故事在薩爾斯頓的書中，以及之前的《基因組圖譜解密》一書中，都有詳細的記載。

薩爾斯頓的經歷，可能會讓多數研究工作者汗顏。國內的研究人員以及給錢的單位都應該讀讀該書並好好想想：我們究竟要投入有限的時間與金錢，在哪方面的研究呢？

2002
10/23

君子疾沒世而名不稱

科學與人文學科的學術論文有個明顯的不同點，那就是作者的數目：後者多是單數，而前者常為複數，有時洋洋灑灑、多達幾十人都有。這個不同點經常造成人文學者的質疑，是為「兩種文化」另一章。

對人文學者來說，一篇文章是誰寫的，作者當然就是誰，沒什麼好說的，就算是博士生的畢業論文也是個人的心血結晶，指導教授最多給個題目或方向，以及對文句做些修改建議而已，並不在正式發表上掛名。再怎麼說，舞文弄墨本就是人文學者的基本功，要走這一行的人不可能自己不下工夫。然而，對自然科學的研究者而言，事情就沒那麼單純了。

除了純理論研究外，現代科學裡少不了實驗室的工作。為了讓實驗得以進行，儀器設備及消耗器材不可或缺；換言之，研究是要花錢的。也因此，科學研究不再是單獨的活動，而出現群策群力的分工：有人動腦，有人動手，到了展現成果之時，當然也就論功行賞、集體列名了。

雖說科學論文的作者集體列名有其實際的需要，但也並非毫無規矩可言。論文列名者不只享有虛名及實質的好處，同時也得為成果背書，要負責任的。國際知名期刊對「作者身分」都有相當嚴格的定義，所有的作者必須符合三項條件才行，也就是：實驗的構思與設計、結果的分析與解釋，以及論文的起草、修改與定稿。根據這樣的要求，不合格的掛名作者可是比比皆是。

根據上述條件，單純奉指令動手做實驗、收集數據的技術員，是不符合列名要求的（這也是我經常對研究生說的話，希望他們做的不只是技術員的工作）。同理，單純提供經費以及未實際參與工作的大老闆，也不應該掛名。然而，這兩類人士的名字，可是經常出現在許多論文上。

名字列在論文上的好處多多，在學術界無論求職、升等、申請計畫以及獎助等，都要看你發表著作的質與量而定。「不發表，就走路」(**publish or perish**) 的說法，在國外大學可是真實的寫照（至少在取得終身職以前）；國內除了中研院開始部分採行外，多數大學倒還沒有實施。不過，近年來國科會（現已升格為科技部）要求每位計畫申請人將發表的論文量化，得出所謂的「研究成果指標」(**Research Performance Index, RPI**) 數字，反而導致了一些副作用，最明顯的就是所謂「著作欄灌水」：許多人千方百計地設法讓自己的名字掛在別人的論文上；不少人也樂得送人情，把不相干的名字放在自己的論文上。

學術論文如有不只一位作者，列名方式有一定的規矩。通常掛頭名的作者是實際執行實驗的人，最後一位作者則是指導老師兼實驗室的負責人（通常也是該篇文章的通訊作者，負責發表事宜），至於兩者中間還有作者的話，則按貢獻多寡依序排列。國科會計算 **RPI** 值的分數，也以第一作者及通訊作者最高，其餘則依排名順序遞減。

雖然學術界對論文列名作者有共識，但國內外不按規矩來的情形可是相當普遍。有些機構或單位的主管固定在所有下屬發表的文章上掛名，有些人則是因為提供了某些研究材料、儀器設備或測定服務而要求掛名；國內甚至還有幫人改寫成英文而掛名的。其實，多數情形是論文的真正作者不好意思不掛某些人的名字，好比頂頭上司或大老闆（有的是實驗室全體人員一律上榜），除非在上位者能主動拒絕，否則這種情形不容易消除。

不少人以為，文章反正已經寫了，多給幾個人掛名，惠而不費，孰為不美？事實上，這種做法也讓某些人因此得利。不過在真正重要的場合，好比國科會的傑出獎評選，這種學術名流多數還是逃不過行家的法眼。凡對自己的研究稍微看重的人，是不會隨便讓人在文章上掛名的，因為那等於是酒裡滲了水，把真正參與者的功勞給稀釋了。同理，有自我期許者也不會願意掛名在自己沒有參與且不熟悉的文章上，一旦有人問起，自己答不出來，丟臉事小，要是文章出了問題，掛名者可是要負責任的。

國內的研究所訓練，多強調埋首做實驗，上焉者還曉得為什麼要那麼做，下焉者就與技術員差不多。至於做出結果後，如何寫成可供發表的論文，則通常不在學子的考量之內，反正有老師代勞。因此國內自然科學研究所訓練出來的青年學者，常有筆不能寫的問題，也造成某些論文掛名的問題循環出現。

國內外教人寫作論文的書籍不下數十本之多，筆者多年前也曾將授課筆記集結成書出版。然而論文的格式及內容的要求或許可教，如何發掘問題、設計及進行實驗來解決問題，就不是論文寫作課所能涵蓋的了。這年頭想成名者多，肯下工夫者少，又豈只學術這一行？

2003
05/14

不發表，就走路

如果問大多數從事科學研究人士：什麼是他們最討厭做的事？寫作這一項絕對名列前茅。無論寫的是正式發表的論文，還是開會報告、摘要，或是研究計畫、成果報告，無一不讓人躑躅再三才能下筆，過程中也要搔斷幾莖白髮。因此，許多科學家雖長年埋首實驗，但著作卻乏善可陳。

其實科學論文的寫作有標準格式可循，可以說是現代的八股文，只要抓住訣竅，並不比一般文章難寫。絕大多數的科學論文分成導言、材料與方法、結果，以及討論四部分，前、後再加上摘要及引用文獻而成。這種形式的產生，主要是由於二十世紀中葉以後，科學論文的數量出現指數成長，就算增加期刊篇幅以及好些新的期刊也消化不完。為了節省篇幅，各學術期刊都要求投稿論文採取最簡潔有效的表達方式，也就出現上述的標準化格式。

科學論文所採用的標準形式，的確是報告科學新知的最佳方式，回答了為什麼要做這項研究（導言）、如何進行實驗（材料與方法）、得到了什麼樣的發現（結果），以及結果有什麼意義（討論）等問題。就算不是為了寫作科學論文，上述格式及內容也是許多介紹性文章可以採用及必須包括的。

寫作能力的訓練與興趣的培養，對許多行業來說都是必要的，不獨科學界為然。學術中人發表論文的重要性，也和所有從事創造性行業人士的成果發表類似，無論這些人進行的是文學、音樂或影劇的創作。要是他們幾年內都沒有像樣的成果推出，不要說被人遺忘，甚至連吃飯都可能有問題。以這一點來看，廁身學術象牙塔內的人士還是好得太多，不發表就走路的壓力在國內還沒那麼大，尤其是大學教授可以說：「我還在教書啊！」（當年費曼堅持要到大學教書，而不想待在純研究單位，持的就是這個理由。）

科學家養成的過程中，寫作技巧經常是不被看重的。許多以實驗為主的學門，剛入門的學子都忙著學習怎麼做實驗，以收集足夠的數據來寫成碩博士論文才好畢業，至於正式發表的工作常有老師或更資深的研究員代勞。這種分工當然效率較高，有的博士班學生畢業時可有多達十來篇掛名的著作，但大多不是由他們親自動筆，非要等到自立門戶之後，才開始真正學習論文的寫作。雙螺旋的發現人之一華生在自傳《基因、女孩、華生》一書中提到，他和克立克共同發表的第四篇有關 DNA 互補構造的文章，大部分是他獨立寫就的，他說：「這是我第一次以布拉格、戴爾布魯克和鮑林所精通的語言進行寫作。」可見就算是文采過人的華生，拿到博士學位後已有四年，還是科學論文寫作的新手。

其實寫作本身是整理思想的不二法門。許多人口中說得頭頭是道，寫成白紙黑字時才發覺其中論點漏洞百出。因此有人說，寫作差勁的文章代表作者的思慮不清，這一點對要求嚴謹的科學論文來說，更是正確。國外許多學術單位的論文，在投送發表前都要經過內部成員的巡迴評閱，算是一種品管的過程。年輕剛起步的研究人員把寫好的論文送給老師或資深同事過目，也是常見的舉動，只不過這種事不可能常做，因為會花費對方太多的時間與力氣。以前有位同事回國後一直都把寫好的論文送給遠在美國的指導教授請求修改，有回他的老師終於生氣了，把論文退了回來，附了張紙條說：「以後寫得這麼不像樣的文章不要再送來了。」我一直記得那位同事提及此事時懊惱的表情。

學術論文的寫作絕對是一種精緻的藝術，因此也值得學術中人下點工夫做好，只不過論文究竟與其他文體不同，非得講求內容的新意不可。唯有創新的發現，加上精準扼要的陳述，才相得益彰。歷來出名的學術論文，鮮有單以文字優美而能傳世的，可見文質孰者為重。國人常以外文不佳為發表不力之藉口，那絕對是說不過去的。非英語系國家都有幫人修改學術論文英文的公司及個體戶可以借助，但個人的看法是，研究結果的深意及重要性只有自己曉得，要是自己不寫出來，旁人不可能代勞。修改論文與翻譯有類似之處，都有可能被改寫（譯）成文法正確但意思錯誤的句子來，不可不慎。

2003
04/30

談無徵不信

學術論文與一般寫作有個主要的不同點，就是文章到處都要加註，並在文章後頭（或同頁下方）列出引用資料的出處。因此，如何引用及列出文獻，是學習科學論文寫作的重要項目之一。從引用文獻的方式與內容，可以看得出作者是新手還是行家。

許多初習科學論文寫作者的文獻引用只是有樣學樣，一來不曉得為什麼要引用，再來也不清楚應該引用哪一則。事實上，文獻的引用絕對不只是要表現有學問的樣子而已，而有好幾個重要的目的，值得細述一二。

首先，少有研究工作是從石頭裡蹦出來的，因此引用前人發表的工作是尊重歷史及先前成就的表現，也是牛頓 (Isaac Newton) 所言「站在巨人的肩膀而看得更遠」的意思。其次，同行科學家之間相互引用發表文獻的做法，是種互惠的系統：你不可能用金錢或禮物來表達對同行的敬意，就只能以引用文獻的方式為之。再來，引用過去的文獻，對於建立新報告的理論基礎，具有更強的說服力，也藉以向科學社群證明你對這一行的瞭解，甚至權威性。更重要的是，經由文獻的回顧，你也才能夠提出過去的研究中哪裡有不足之處，因此有建立新研究的必要性。從這幾點看來，文獻引用的重要性是無庸置疑的。

引用文獻有幾個原則可供遵循。首先，要引用最原始的論文，而非後來轉述的論文。至於什麼是最原始、最有原創性的論文，什麼又只是續貂之作，就考驗作者的學識功力，這一點初學者常不見得分得清，因而引用失據。再者，不可有意忽視與本身立論有所牴觸的論文，更不能因為與某人有所嫌隙而故意不引用其著作，這些都是不合學術倫理的舉動。

美國有家私人的「科學資訊研究院」(Institute for Scientific Information) 自一九六一年起，每年出版《科學論文引用指數》(*Science Citation Index*) 一書，將過去發表的科學論文受到新發表論文引用的情形，一一予以記錄、量化，藉以看出哪些論文受到較多的重視，哪些期刊的論文被引用的次數較多；同時，經由文獻交叉引用的分析，也可以看出重要研究主題的走向。自此，科學家寫作論文時單純的文獻引用，不單變成了一門學問及生財工具，同時也影響了許多政府及私人資助研究單位的政策制定，以及科學家研究與發表的習慣。

最明顯的一項影響，就是大家拚命想要發表在引用指數高的期刊，而不見得在意該期刊的性質是否最適合自己的報告。理由無他，許多針對學術單位以及個人研究成果的評鑑指標，用的就是該項指數。這種做法當然有其理論基礎，不能說它完全不對，只不過一味追求數字，不看實質內容，難免會出現偏差。學術界有不少論文發表數目多得嚇人，但研究品質卻不怎麼樣的研究人員；反之，發表數目不多卻得到諾貝爾獎肯定的人也所在多有。

許多學術中人會說，他們從不去查閱自己發表的論文受到引用的情形，但那並不等於說他們不在乎自己的論文有沒有受到同行的引用。再怎麼說，人活著不為利，也求個名，能受到同行的認可，可是會讓人滿心歡喜；反之，要是看到同行發表相近的研究結果，卻沒有引用自己先前的工作，則是會讓人憤慨不已。不幸的是，學術界也有勢利眼，位於研究舞臺中央的歐美人員有意無意間忽視位於邊陲地帶研究人員的成果，是常有的事。筆者就曾忍不住寫信給某些論文的作者，提醒他們忽略的文獻，當然這種舉動對於已經發表的文章並無濟於事，只冀望未來有所改善。

社會科學的論文寫作除了也要求列出引用文獻出處外，還允許加註腳（footnote），有的甚至長達半頁，其中多有個人見解，這一點和自然科學論文的寫作大不相同。筆者曾經受邀參加一回討論翻譯書的會議，為了論文文獻的寫法，還與主辦人有所溝通。筆者瞭解加註有其功能及必要，但對於把可以寫在正文裡的意見，非要擺在註解裡的做法，並不認同。醫學史作家卡倫在《病菌現形》一書中寫道，他動筆前曾發誓書中不要有任何註腳，結果還是破戒了，可見不容易辦到，但他的確將註腳的數目減到最低。此外，坊間許多科普譯書也流行加註，多數還不是原書所有，而是由譯者及編輯所加，其繁複瑣碎的程度，比教科書還甚，完全違反了「課外書」的精神。

文獻引用與註腳似乎是學術論文的標誌，也是必要之「麻煩」，學習正確及適度的使用之道是入門的訓練之一。至於一般的讀物，還是能免則免吧！

附　錄

名詞索引

7 劃

8 劃

9 劃

10 劃

16 劃

17 劃

18 劃

19 劃

20 劃以上

人名索引

8 劃

9 劃

10 劃

11 劃

12 劃

書名索引

《約翰惠勒自傳》 John A. Wheeler and Kenneth Ford, *Geons, Black Holes and Quantum Foam: A Life in Physics*, W. W. Norton & Company, 1998 （蔡承志譯，商周，2000） 24

11–15 劃

《第二個腦》 Michael D. Gershon, *The Second Brain*, Harper Collins, 1998 117
《第三種文化》 John Brockman, *The Third Culture: Beyond the Scientific Revolution*, Simon & Schuster, 1995（唐勤、梁錦鋆譯，天下文化，1998） 136
《基因、女孩、華生》 James Watson, *Genes, Girls and Gamow: After the Double Helix*, Alfred A. Knopf, 2001（杜默譯，時報出版，2003） 12, 149
《基因分子生物學》 James Watson, *Molecular Biology of the Gene*, W. A. Benjamin, 1965 15
《基因組圖譜解密》 Kevin Davis, *Cracking the Genome*, The Free Press, 2001 （潘震澤譯，時報出版，2001） 46, 143
《康特的難題》 Carl Djerassi, *Cantor's Dilemma*, Penguin Group USA, 1991（吳玲娟、楊潔、錢恩平譯，聯合文學，1996） 105
《情感分子》 Candace B. Pert, *Molecules of Emotion*, Scribner, 1997 26
《曼那欽的種》 Carl Djerassi, *Menachem's Seed*, Penguin Group USA, 1998 （張定綺譯，聯合文學，1999） 105
《深紅》 *Crimson* 11
《細菌學雜誌》 *Journal of Bacteriology* 84
《規範與對稱之美—楊振寧傳》 江才健，天下文化，2002 35
《給太陽申請專利》 Jane S. Smith, *Patenting the Sun: Polio and the Salk Vaccine*, William Morrow, 1990 91
《華生愛上 DNA》 James Watson, *A Passion for DNA: Genes, Genomes, and Society*, Cold Spring Harbor Laboratory Press, 2000（朱佩文、陳紹寬譯，新新聞，2001） 17
《最被世人所誤解的藥》 Goran Samsioe (ed.), *The Pill: The Most Misunderstood Drug in the World*, CRC Press, 1990. 103
《尋找腦中幻影》 Vilayanur S. Ramachandran and Sandra Blakeslee, *Phantoms in the Brain : Probing the Mysteries of the Human Mind*, William Morrow, 1998（朱迺欣譯，遠流，2002） 56
《腦力激盪：鴉片研究的科學與政治》 Solomon Snyder, *Brainstorming: the Science and Politics of Opiate Research*, Harvard University Press, 1989 26, 114
《幹嘛要抽菸？》 David Krogh, *Smoking: The Artificial Passion*, W.H. Freeman, 1993（潘震澤譯，天下文化，2000） 111
《愛的故事》 Erich Segal, *Love Story*, HarperCollins, 1970 51
《誠實的吉姆》*Honest Jim* 11
《夢的解析》 Sigmund Freud, *The Interpretation of Dreams*, 1900 62

《瘋狂的追尋》 Francis Crick, *What Mad Pursuit*, Basic Books, 1988 12
《睡眠》 John A. Hobson, *Sleep*, W. H. Freeman, 1989（蔡玲玲、侯建元譯，遠哲基金會，1997） 62
《睡眠的允諾》 William Dement, *The Promise of Sleep*, Delacorte Press, 1999 63
《睡眠的弔詭》 Michel Jouvet, *The Paradox of Sleep: The Story of Dreaming*, The MIT Press, 1999 63
《睡眠的迷人世界》 Peretz Lavie, *The Enchanted World of Sleep*, Yale University Press, 1996（潘震澤譯，遠流，2002） 63, 69
《酵素學方法》 *Methods in Enzymology* 82–83
《臺灣蛇毒傳奇》 楊玉齡、羅時成，天下文化，1996 21–22
《誰先來？》 Robert Altman, *Who Goes First?: The Story of Self-Experimentation in Medicine*, reissue edition, University of California Press, 1998（潘震澤、廖月娟譯，天下文化，2000） 88
《適應症候群的故事》 Hans Selye, *The Story of the Adaptation Syndrome: Told in the Form of Informal, Illustrated Lectures*, Acta, 1952 72

16–20 劃

《諾貝爾獎對決》 Nicholas Wade, *The Nobel Duel*, Doubleday, 1981 18, 20
《器官神話》 Sherwin B. Nuland, *The Mysteries Within*, Simon & Schuster, 2000（潘震澤譯，時報出版，2002） 116
《駱駝的鼻子》 Knut Schmidt-Nielsen, *The Camel's Nose: Memoirs of a Curious Scientist*, Island Press, 1998 131
《臨床研究期刊》 *Journal of Clinical Investigation* 102
《雙螺旋》 James D. Watson, *The Double Helix*, Atheneum, 1968（陳正萱、張項譯，時報出版，1998） 10–12, 15, 17
《羅薩琳．雅婁一諾貝爾獎得主》 Eugene Straus, *Rosalyn Yalow: Nobel Laureate*, Plenum Trade, 1998 2

20 劃以上

《驚異的假說》 Francis Crick, *The Astonishing Hypothesis: The Scientific Search for the Soul*, Simon & Schuster, 1994（劉明勳譯，天下文化，1997） 55

科學+

破解動物忍術

如何水上行走與飛簷走壁？
動物運動與未來的機器人

水黽如何在水上行走？蚊子為什麼不會被雨滴砸死？
哺乳動物的排尿時間都是 21 秒？死魚竟然還能夠游泳？
讓搞笑諾貝爾獎得主胡立德告訴你，這些看似怪異荒誕的研究主題也是嚴謹的科學！

★《富比士》雜誌 2018 年 12 本最好的生物類圖書選書
★《自然》、《科學》等國際期刊編輯盛讚

從亞特蘭大動物園到新加坡的雨林，隨著科學家們上天下地與動物們打交道，探究動物運動背後的原理，從發現問題、設計實驗，直到謎底解開，喊出「啊哈！」的驚喜時刻。想要探討動物排尿的時間得先練習接住狗尿、想要研究飛蛇的滑翔還要先攀登高塔？！意想不到的探索過程有如推理小說般層層推進、精采刺激。還會進一步介紹科學家受到動物運動啟發設計出的各種仿生機器人。

作者
胡立德（David L. Hu）

譯者：羅亞琪
審訂：紀凱容

三民網路書店

會員

通關密碼：A2921

獨享好康 大放送

書種最齊全
服務最迅速

憑通關密碼
登入就送100元e-coupon。
(使用方式請參閱三民網路書店之公告)

生日快樂
生日當月送購書禮金200元。
(使用方式請參閱三民網路書店之公告)

好康多多
購書享3%～6%紅利積點。
消費滿350元超商取書免運費。
電子報通知優惠及新書訊息。

超過百萬種繁、簡體書、原文書5折起

三民網路書店 www.sanmin.com.tw

國家圖書館出版品預行編目資料

科學讀書人：一個生理學家的筆記／潘震澤著.——
三版一刷.——臺北市：三民，2020
面；　公分.——（科學+）

ISBN 978-957-14-7023-8（平裝）
1. 科學 2. 通俗作品

307　　109018002

科學+

科學讀書人——一個生理學家的筆記

作　者｜潘震澤
發行人｜劉振強
出版者｜三民書局股份有限公司
地　址｜臺北市復興北路 386 號 (復北門市)
臺北市重慶南路一段 61 號 (重南門市)
電　話｜(02)25006600
網　址｜三民網路書店 https://www.sanmin.com.tw

出版日期｜初版一刷 2003 年 10 月
二版一刷 2018 年 1 月
三版一刷 2020 年 12 月
書籍編號｜S300090
ISBN｜978-957-14-7023-8

著作權所有，侵害必究
※ 本書如有缺頁、破損或裝訂錯誤，請寄回敝局更換。

三民書局